U0069235

2009年7月1日台鹽通霄精鹽廠舉行文化創意園區揭牌儀式，台鹽董事長洪璽曜（左一）、文建會主委黃碧端（右一）、苗栗縣副縣長林久翔（右二）、台鹽總經理劉中行(左二)、藝術家羅廣維（右三）台鹽通霄精鹽廠廠長廖惠正(左三)共同進行揭牌。

↑男迷雅新品上市台鹽洪璽曜董事長(中)與國營會何華勳組長(左)、江岷欽教授(右)共同合影留念。

←2009年6月3日台鹽男迷雅新品魅力登場。

↑台鹽洪璽曜董事長(右)感恩揭幕特贈台鹽翠玉白菜給國營會由何華勳組長(左)代為接受。

→台鹽洪璽曜董事長特別發表好男人感恩致詞。

2009年4月28日台鹽鹽品榮獲讀者文摘信譽品牌金獎，台鹽董事長洪璽曜(右)接受外貿協會董事長王志剛頒獎。

2009年4月28日台鹽鹽品榮獲讀者文摘信譽品牌金獎，董事長洪璽曜得獎後與得獎產品合照。

↑2009年2月10日台鹽配合情人節推出綠迷雅摯愛香氛禮盒，營造戀人最甜蜜心動的浪漫時光。

←台鹽綠迷雅摯愛香氛禮盒海報。

↑2009年5月20日推出520ml運動鹼性離子水，台鹽董事長洪璽曜在台北營業處1元促銷活動。

↑台鹽員工一起加入520促銷活動。

2009年4月30日台鹽董事長洪璽曜為台灣之光王建民獻上祝福。

台鹽董事長洪璽曜（右）特別致贈新上市的特級精鹽，希望透過「早鹽晚蜜」養生法為王建民增進健康，王建民啓蒙教授劉永松代表接受。

崇學國小感謝台鹽董事長洪璽曜（右）贊助棒球活動，教練劉永松（左）代表回贈王建民簽名球。

2009年3月19日科威特商工總會第一副主席穆塔利夫婦等嘉賓參訪台鹽，董事長洪璽曜（右）致贈穆塔利夫人台鹽新品綠迷雅晶鑽禮盒。

2009年4月23日董事長洪璽曜主持台鹽海洋鹼性離子水，BMW牽回家活動發表會。

台鹽董事長洪璽曜（左）、大億集團董事長吳俊億(中)、致遠管理學院董事長蔡清淵（右）簽署333健康宣言。

台鹽董事長洪璽曜（中）、大億集團董事長吳俊億(左)、致遠管理學院董事長蔡清淵（右）率領台鹽自行車隊進行。

2009年7月11日北京橋藝術中心台鹽辦事處成立，董事長洪璽曜致詞。

2009年7月11日董事長洪璽曜（中）偕同台鹽董監事、模範勞工參觀台鹽北京辦事處。

2009年2月3日台鹽董事長洪璽曜(右三)向海基會董事長江丙坤(右四)介紹七股鹽山美景。

台鹽董事長洪璽曜(右三)與海基會董事長江丙坤(中)等貴賓於七股鹽山頂合影。

數百名大陸台商參訪七股鹽山，搶購台鹽商品。

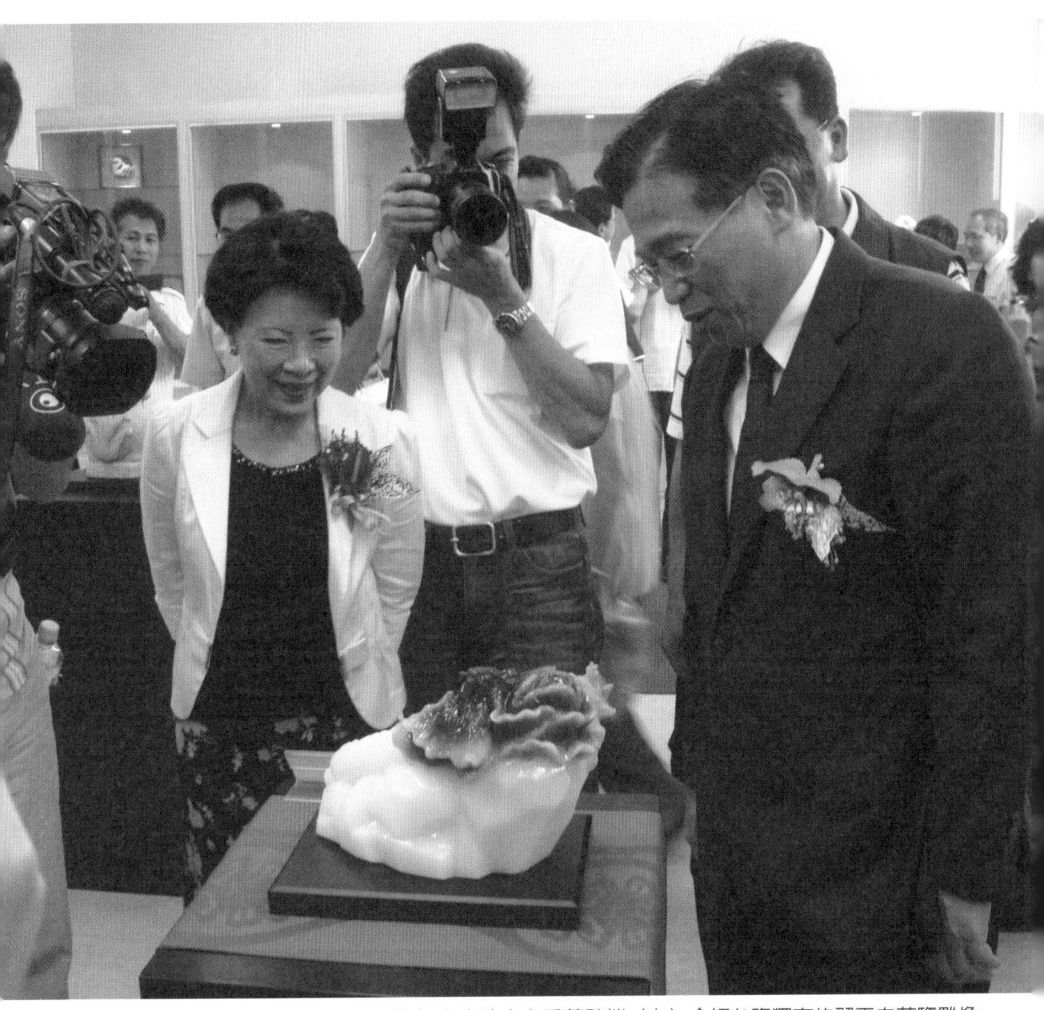

2009年7月1日董事長洪璽曜（右）向文建會主委黃碧端（左）介紹台鹽獨有的翠玉白菜鹽雕像。

七股鹽山美景讓觀光客陶醉不已。

台塩
健康活力GO!
台塩
健康活力GO!
台塩
健康活力GO!

2009年3月20日董事長洪璽曜（中）為「健康活力GO」促銷活動宣傳造勢，帶領兩百名員工舉行大規模健走活動。

↑2009年1月19日台鹽歲末聯誼餐會

←董事長洪璽曜與員工同樂。

2009年1月19日台鹽歲末聯誼餐會董事長洪璽曜與員工同樂。

湛藍海洋傳奇
迷人魅力啟航

· 全新綠迷雅膠原蛋白銀妍系列 ·

DIAMOND ReVIVE

綠迷雅晶鑽系列

青春閃耀 極致賦活

DIAMOND BRIGHT

祛黑淨斑亮白

黑出去、白回來

新4力登場

綠｜迷｜雅｜晶｜鑽｜靚｜白｜系｜列

COLLAGEN MASTER
|膠原大師|
C O L L A L I F E

Natural Collagen

注入活力!
健康超體力!

調養身體及補充足夠的
必需營養成份
給你鼓勵！體力！
一切搞定！

Health

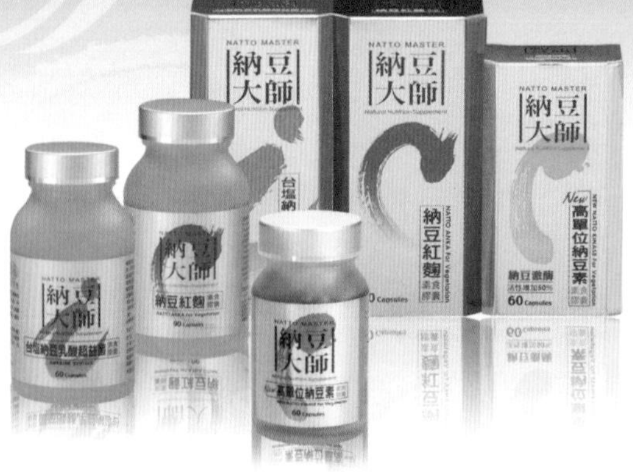

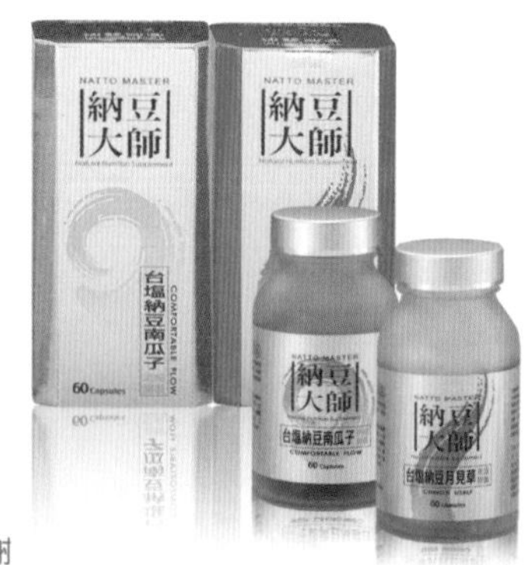

清流生活、樂活再現!

精選的天然保健素材　促進身體新陳代謝
為健康儲值　是新一代的養生食品

食用鹽系列

健康滿點 美味加分

通霄廠食用鹽品及包裝水產品取得

ISO 22000食品安全管理系統核可登錄

及符合國家衛生標準

食用品質衛生、安全、安心又放心

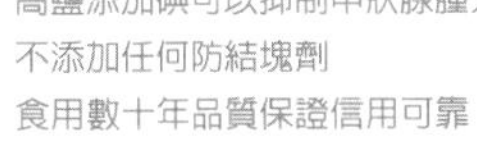

高鹽添加碘可以抑制甲狀腺腫大

不添加任何防結塊劑

食用數十年品質保證信用可靠

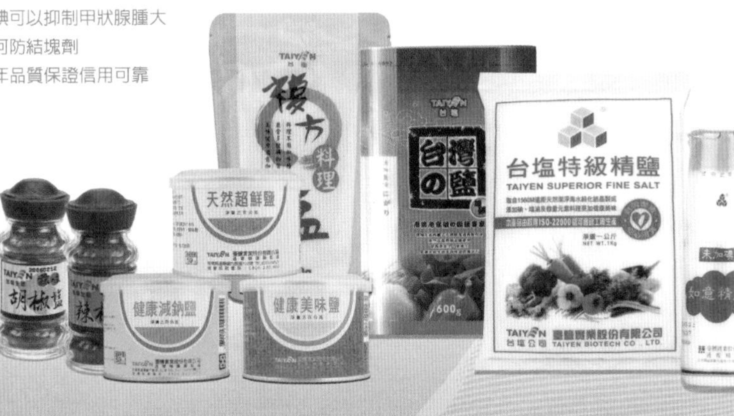

飲用水系列

海洋鹼性離子水採用海洋生成水及
濃縮海水元素經特殊製程而成，
具有更小之水分子團容易被人體吸收，
有效幫助體內環保，
海洋鹼性離子水可適度調整酸性體質，
適量飲用有益健康。

1. 海洋鹼性水礦物質成份。
2. 更容易被人體吸收。
3. 幫助體內環保。

潔淨你的肌膚・呵護你的秀髮

台塩清潔系列

含有天然微晶海鹽及高科技配方

讓您無論洗臉、沐浴、洗髮、潤髮、潔齒

均能清潔滋潤您的每一吋肌膚

柔潤您的秀髮，讓您愛不釋手

來自 海洋 的最佳獻禮....

文化創意產業－台鹽鹽雕藝術

以鹽為核心素材，突破鹽品易溶損，
難塑型之極高難度，手工創作全球罕見！
蘊含東方美學的優雅意境，以獨家創新的極致
技法，歷經原型設計、精雕、鑄模、研磨、彩繪
等十數道工序，展現中華瑰寶的人文情懷，
晶瑩圓潤為藝術愛好者典藏餽贈之絕佳藝品。

樂果
文化

樂果
文化

飛躍藍海

民營企業
脫胎換骨實例

台鹽創意行銷＆贏的策略

吳建宏 著

目錄 contents

推薦序

轉型改變，開創新局（江丙坤）……13

尋常一樣窗前月，才有梅花便不同（江岷欽）……17

脫胎換骨的蛻變（洪璽曜）……21

作者序……25

贏在創意與創新

前言……29

創意行銷就是王道

PART 1……35

Lesson 1 **創意文化的價值**……37

鹽雕翠玉白菜的小祕密

我覺得台灣的企業，一定要拋開舊價值觀念才有辦法贏，創意文化的包裝和行銷已經勢在必行。

Lesson 2 借力使力……47

善用媒體妙宣傳

這就是爭取曝光的絕佳例子，海洋鹼性離子水這一曝光，不斷有人打電話來台鹽詢問，特別是中國方面的廠商，當然馬上就帶來意想不到的商機。

Lesson 3 把危機變成轉機……55

520我愛你行銷解密

所以，危機有時反而會成爲契機，處理的好，阻力會變爲助力，這件事讓我知道，以後要更加留意公司的問題或警訊，並提早尋找因應之道。

Lesson 4 創意台灣味……63

用在地文化搏感情

這就是一種結合觀光的創意文化行銷，我覺得很多商品的附加價值在結合一些創意行銷之後都會慢慢顯現出來，而且會越來越耀眼。

Lesson 5 創造話題……71

小兵也能立大功

引爆一個熱烈的「話題」，讓媒體或消費者注意到你，然後把所要傳遞的訊息順勢傳遞出去。

目錄 contents

PART 2 79

Lesson 6 創造品牌價值 81

維持品牌不墜的真理

品牌價值要有明確定位，利用品牌價值去行銷，才能精確發揮行銷效率。

Lesson 7 聚焦行銷的真諦 89

把焦點放在有利的商品和通路上

決策者要知道如何取捨，如果只是一味地去研發或發展全新的產品線，還不如在慎思與評估之後，採行「聚焦」的行銷方式，讓好的商品週期加長。

Lesson 8 樂活行銷 97

把健康概念導入市場

導入健康概念是現代行銷必學的一環，健康觀念能創造絕佳的行銷機會，增加無限商機。

Lesson 9 網路創意行銷 103

快、狠、準的祕密武器

企業必須在網路上和消費者互動與溝通，同時最好能利用網路無遠弗屆的傳播力量，去達到其行銷的目的。

Lesson 10 服務行銷至上……111
打造美好的消費年代
好的服務就是要能提供一種幸福感給消費者，讓客人有好心情去消費，你對客户的服務是可以被感受到的。

Lesson 11 比賣產品更重要的事……117
把客戶當朋友，不要當獵物
要感謝顧客肯上門來消費、要感謝客人願意花時間聽我們介紹產品，要把消費者當朋友，而不是把他們當獵物看待。

Lesson 12 口碑傳播魅力……125
創造行銷成功的奇蹟
台鹽的行銷模式靠網路口碑的優勢，一開始就有好成績。

PART 3……131

目錄 contents

Lesson 13 觀光創意行銷 …… 133

七股鹽山的新契機

傳統產業正面臨許多變革，一定要更新經營的模式，讓它產生不一樣的附加價值，創造新的商品組合，才能讓文化產業符合新的趨勢。

Lesson 14 領導管理哲學 …… 141

管理是一種分享與學習

先以「走動式」管理來熟悉環境，並找機會和員工接觸，和他們聊天，知道他們的想法，這是建立員工信任的最佳方法。

Lesson 15 藍海策略 …… 151

贏在創新和創意

其實，藍海策略是要我們以「價值創新」爲主軸，先試圖打破舊有框架，然後思考任何創新的可能，並且落實去執行。

Lesson 16 信任和責任 …… 161

我希望員工是帶著笑容和活力來上班

對於表現好的員工，要給他們更大的「責任」和「信任」，員工都需要公司的回報，所以要經常對員工打氣。

ntents

Lesson 17 **管理創新** …… 171

期許和員工一起成長最重要

找出方向是領導人很重要的一件事，在管理的行動力下，還要能掌握員工的心。

Lesson 18 **公益形象** …… 179

回饋與感恩的前進動力

公益活動的訴求，應該是要讓人或公益活動的受惠者感動，這樣才有意義。

後記 …… 187

讓員工、股東、顧客三贏——台鹽的創新之路

飛躍藍海

推薦序

轉型改變，開創新局

江丙坤
海峽交流基金會董事長

跨越半個世紀的台鹽公司，在洪璽曜董事長以創意行銷的藍海策略，領導全體員工，將產品重塑價值，精準地切入目標市場後，短短半年間，業績屢創新高，讓台鹽公司轉虧為盈，可喜可賀。本書集結十八個台鹽公司成功經營的寶貴經驗，再次印證，企業只有不斷的追求創新與精確的成本掌控，才是永續發展的利基，才能創造員工、股東、顧客三贏的局面。

台鹽公司在民國九十二年轉型為民營企業後，必須調整經營的體質與策略，所面臨的挑戰比一般的傳統企業還要困難。「轉變」固然會爲現狀帶來挑戰，但台鹽公司沒有等待調整的過渡期，必須快速的轉型升級，「改變」就成爲台鹽公司往前成長的唯一途徑。本書提供台鹽公司成功的轉型模式與創新經驗，中小企業要擺脫以殺價爲主的惡性紅海競爭，轉向尋求自己的藍海策略，進而飛越藍海開創新局，這本書值得台商朋友細讀珍藏。

製造代工是產業鏈附加價值最微利之處，在規模經濟與製程創新的效益下，高科技業台商開創出一片藍海，但這是需要龐大的市場與低廉生產要素爲基礎，對於傳統的中小企業而言，就必須朝向微笑曲線的研發與品牌兩端佈局，提升產品的附加價值，創造屬於企業與顧客的高報酬雙贏的經營藍海。

台商經過二十餘年在大陸的發展，許多產業已經有相當完整的產業鏈與銷售通路，加上兩岸關係的和緩、直航的實現與經貿交流正常化的趨勢，使台灣的精品可以很快地藉由大陸各地台商的通路，介紹給大陸民眾認識，開拓大陸廣大的內需市場，這是台商所享有的優勢，因此建立品牌，掌握通路是進入大陸市場的關鍵，而在本書中我們也看到台鹽公司的實例明證。

台鹽公司利用台鹽老字號的商品品牌與「兩岸三地健康、美麗產業的領航家」企業形象，結合捷安特公司舉辦的「京騎滬動」等項活動，以創意行銷的手法，將台鹽公司的商品利用大眾傳媒的事件採訪，成功地介紹給大陸民眾，營塑消費者的健康需求，給台鹽商品日後進軍大陸市場無限的商機。

目前大陸正大力發展內需市場，可以提供台商一個廣大的空間與機會，但在國際大廠挾著資金技術等資源競爭與大陸本土企業崛起追趕的挑戰下，台商獲利空間受到嚴重的擠壓，要生存發展，就必須提升產品品質與經營效率，不斷的區隔目標市場，重新定位產品，追求創新與突破，而藍海策略精神就在追求品牌的價值，創新客戶的需求與適當的訂價策略，使企業可享有先入市場的獲利報酬。

困境與機會是一體兩面，企業無法迴避但卻可化阻力爲助力，將機會極大化，風險極小化。大陸經濟成長快速，似乎處處充滿機會，但仍然存在許多經營上的風險，必須要處處爲營。因此，丙坤常常告訴台商朋友三件事：在大陸一定要正派經營、合法經營；要妥善的照顧勞工；企業經營有成時，一定要回饋當地社會，善盡社會責任，以提升台商地位。

丙坤長年參與國家經濟發展的規畫，常思考如何協助台商經營與困境的突破，在《飛躍藍海》付梓出版前夕，受璽曜董事長囑託，爲文撰序，展閱拜讀，深覺本書內容對於台商經營管理與策略制定有實質的助益，很高興能先睹爲快，也對璽曜兄無私的提供寶貴經驗致上最深的敬意。

推薦序

尋常一樣窗前月，才有梅花便不同

洪璽曜董事長與台鹽創新之路

江岷欽
中國文化大學企業管理學系教授

悲觀者抱怨風向，樂觀者期待轉向，務實者調整方向。

威廉・華德（W. Ward）

法國哲學家伏爾泰（Voltaire）曾以「生命之鹽」形容事業對個人的重要性（Business is the salt of life.）。對台鹽的員工而言，二〇〇八年十二月一日的新任董事長洪璽曜先生無疑就是公司的「生命之鹽」。在他的領導之下，台鹽歷經半年多的企業創新與組織改造，不論是員工的執行力，產品的競爭力，行銷的穿透力或是服務的親和力，均有顯著成效。例如廣受好評的翠玉白菜鹽雕，儼然是熊彼德（J. Schumpeter）「創造性破壞」（creative destruction）理念的最佳實踐；令人矚目的男迷雅保養品，更是台鹽承諾爲男人顧好面子的具體作爲。台鹽的資產淨值邁向新高，股價到二〇〇九年七月底漲幅達二・四七倍，遠遠超過麥肯錫公司（McKinsey & Company）所評估的「公司治理溢價」（Corporate Governance Premium）範圍[1]。

持平而論，台鹽的創新之所以成績斐然，除了歸功於優良的企業體質外，最重要的關鍵當然是領導因素。當代領導學者華倫・班尼斯（W. Bennis）指出，領導就是將願景轉化爲眞實的能力（Leadership is the capacity to translate vision into reality.），眞實的呈現則依願景的觀照方向而定。內觀的願景會轉化爲責任，外觀的願景會演變爲抱負，仰觀的願景會昇華爲信心（Vision that looks inward becomes duty. Vision that looks outward becomes aspiration. Vision that looks upward becomes faith.）。洪璽曜董事長有深厚的企管專業背景與豐富的實務經驗，尤其嫻熟於兩岸的經貿事務。因此，他總是能在大格局的願景中展現強烈的責任、抱負與信心。

除了願景式的領導風格，洪璽曜董事長還不時流露出革新台鹽的急迫感。哈佛大學教授約翰・科特（John Kotter）在二〇〇九年出版的《急迫感：破局致勝的關鍵》（*A Sense of Urgency*）一書中指出，急迫感是一切變革的開端。眞正的急迫感是因爲員工能夠從變革中看到未來的機會，從而產生專注與積極行動的能量，以正向態度導引出聚焦的社會力量，將現有的威脅轉化爲新的成長機會。面對兩岸交流日益頻繁的事實，洪璽曜董事長成功的爲台鹽產品爭取到在大陸設點銷售的權利。在台鹽的經營歷史上，這是創舉，跨越兩岸的創舉。

露華濃化妝品創辦人雷夫生（C. Revson）曾言：「在工廠我們製造化妝品，在商店我們販賣希望。」（In our factory we make cosmetics. In the store we sell hope.），意指企業經營的成敗取決於「希望」。洪璽曜董事長過去在管理界、新聞界與兩岸經貿事務上的成就，有目共睹令人佩服。接掌台鹽以來，更不斷以創新的願景與務實的經營，型塑顧客取向的企業文化，建構符合公益的公司治理，贏得社會的讚譽與認同。其中，追求公益的信念尤其令人讚賞。適值《飛躍藍海》付梓在即，謹以「尋常一樣窗前月，才有梅花便不同」表達對洪璽曜董事長最誠摯的敬意。

1根據麥肯錫公司在二〇〇二年針對印度、馬來西亞、墨西哥、南韓、台灣、土耳其等六個新興市場的一百八十八家大型企業組織進行「公司治理溢價」調查發現，股市投資者願意支付二八％以上的溢價給予在公司治理方面表現良好的上市、上櫃公司。

脫胎換骨的蛻變

台鹽董事長　洪璽曜

一個人習慣的養成來自於平常生活的累積，一家企業文化的傳承，也來自於思維與習慣的累積。

五十幾歲的人個性幾乎早已定型，很難改變，古諺「江山易改，本性難移」，即指定型的個性很難在一朝一夕就能脫胎換骨。

一家五十八年歷史的公司，歷經專賣壟斷的經營，國營化公務人員身分的保障，再到上市公司的穩健保守經營，內部人員都已存有種「不做不錯，多做多錯」的消極心態。

台鹽公司就是這樣一家歷史悠久的公司，它有著公營企業的優點與缺點，也有著歷史遺留的包袱，民營化成功的起步曾經讓它風光過，也享受著轉型成功的光環，以台鹽生技帶領業界獨領風騷。

二〇〇八年馬英九總統以清廉形象贏得台灣人民的信賴，讓國民黨得以重新執政，以「務實改革」的馬政府團隊，大膽地起用「管理實務」與「創新行銷」的人，取代傳統的人事安排，使得台鹽董事長能以「專業考量」而任命。

接任伊始，正逢全球金融海嘯風暴，外在環境極其不利，股價直直落甚至跌破十元面值，內部員工人心惶惶。爲了圖強與自救，在虧損二億多台幣的現實壓力下，毅然決然宣佈「不裁員，不減薪」的信心喊話穩住軍心，繼而以安定業務發展爲改革基礎。

首先強化「鹽」與「水」兩大民生必須的產品，透過「創意」展開行銷，穩住了公司的大幅業績，也穩定了獲利率。

當止血後，全體員工的士氣已從氣息游絲中慢慢恢復紅潤，再接再厲把通路徹底改革，同時把業務主軸從傳統的單一幕僚轉變爲「雙利剪」作戰的「海洋化學」與「生技事業」兩大營運處，展開「左右開弓」的積極作爲。

在自助、人助、天助的支持下，五十幾歲的中年人又恢復了年輕的活力，五十幾年的「老」公司又注入了「新」活水！

從「創意」到「行銷」，台鹽正在迅速的脫胎換骨，不只「內銷」開始看到成績，「外銷」也日益萌芽成長，一顆老樹又見新芽。

平日沉寂的公司辦公室又恢復往昔的生機，假日或夜晚常見主動加班的同仁，他們一心一意都在爲恢復「台鹽」往日榮景而努力。

這只是一個起步，但也是邁向成功的開始，從經營者做起，所有「台鹽員工都已做好準備」。

我們誓言將以源源不絕的「創意」，來灌溉日益枯萎的老幹，也祈盼新發的嫩芽能迅速綠葉成蔭！讓台鹽——「台灣的顏面」能再展風采，爲台灣的經濟繁榮與發展再添絢爛記錄。

請大家爲我們祝福，這只是我們蛻變的起步，相信秉持著「清廉、負責、效能」的精神絕對有機會爲台鹽再創高峰！

作者序
贏在創意與創新

跟隨在洪董事長身邊已經二十多年，同樣是企管顧問，比我資深的人很多，但是能夠讓我心服口服的前輩卻非常之少，洪董事長就是其中一位。

洪董事長在企管顧問界算是前輩，也曾擔任兩屆企管顧問協會理事長，我有幸擔任他的祕書長，在他身邊學到相當多的「經營管理功夫」跟「爲人處事技巧」，在我心目中，他是我的老師，也是我的兄長，他所擁有的「萬事通」簡直是「考不倒」。

洪董事長在擔任企管顧問期間，還一邊在中廣主持「幸福萬事通」節目長達十年，由於這個節目每天都要訪問各種產業的專家，所以可想而知洪董事長累積了多少的「專業」，這也是讓我喜歡跟他一起的「祕密」。

自從兩岸積極交流以來，洪董事長在二〇〇七年受聘擔任「台灣同胞投資企業聯誼會」副祕書長，實際主導規畫服務台商業務，成果相當豐碩，也跟大陸各地區當局與台商們建立非常密切的關係。

二〇〇八年終歲暮之際，聽到洪董事長要到台鹽擔任董座的消息，我一點也不震驚，因爲以他的豐富學識跟廣泛人脈，這項任命非常毋庸置疑，對於洪董事長而言，這個職務勢必勝任愉快，也可以創造出他個人與台鹽「更高一層」的成就。

剛接任台鹽之初，洪董事長遭受有心人相當多的質疑與攻擊，可是洪董事長發揮他一向過人的ＥＱ，耐心地去溝通及說明，也誓志以實際績效來證明自己的實力，他這點圓融及毅力令眾人萬般折服。

洪董事長上任正值全球金融大海嘯，可是面對動盪不安的經濟大環境，洪董事長親自帶領業務團隊四處開發業務，與研發團隊發明的創新產品，僅僅半年，台鹽已有驚奇的改革績效。

無可置疑的，洪董事長一向專長的創意行銷已經讓台鹽脫胎換骨，成爲台灣企業整合的絕佳典範，大家也都想知道「台鹽如何在短短的時間內打敗不景氣並快速增加兩岸新契機，台鹽如何飛躍藍海成爲台灣品牌的表率？」

就我的了解，洪董事長上任這段期間，以其獨特的經營哲學，帶領著台鹽團隊航向一片無限的藍海商機，除了奠定品牌利基外，更成功地將台灣在地品牌推向對岸並發揚光大。

本書以台鹽的創意行銷實例爲出發，分享台鹽成功的小故事，也是企管專家的董事長洪璽曜，更將毫不保留地傳授他個人獨創的領導管理心法。

本書希望藉由結合不同的行銷作爲，吸引對創意行銷有興趣的年輕讀者群，擴大此書的傳播面向，並且創造自己的藍海神話。

前言
創意行銷就是王道

面對動盪不安的經濟大環境，台鹽轉虧為盈，業績屢創新高，無可厚非，創意行銷已經讓台鹽脫胎換骨，成為台灣企業整合的絕佳典範。

台鹽董事長洪璽曜以其獨特的經營哲學，帶領著台鹽團隊航向一片無限的商機藍海，在奠定品牌利基外，更成功地將台灣在地品牌發揚光大。

本書以台鹽的創意行銷實例為出發，分享台鹽成功的小故事，董事長也是企管專家的洪璽曜更將傳授他個人獨創的領導管理心法。

在不到一年的時間中，他讓台鹽成功朝轉型之路邁進，並躍上國際舞台，成爲另一個「台灣之光」，這條脫胎換骨之路，即使荊棘滿佈，但他還是信心滿滿地往前走。「機會是給準備好的人。」他說台鹽已經準備好了！

從民營企業轉任到台鹽董事長的洪璽曜，上任不到一年，卻以行動和活力來證明其經營頭腦和管理實力，從兩岸通路的快速拓展、讓台鹽的鹼性離子水成功打響知名度、發表爲好男人開發的男迷雅新產品、配合高科技研發的翠玉白菜鹽雕系列、成立文化創意園區等，洪璽曜讓「台鹽」這個台灣在地企業，注入有別以往的全新年輕活力，也讓台鹽朝脫胎換骨之路前進。

創意動腦全年無休

一下化身棒球選手、一下成爲運動健將、又一下以南洋風穿著在台上猛力爲自家產品宣傳，台鹽董事長洪璽曜，每天的活動行程排得滿，滿，滿，前一秒在產品發表會現身，下台後又要馬上趕回公司開會，在往返車上的時間，又要思考下一個行銷點子，他說：「我的腦筋現在眞的是全年無休，滿腦子想的都是如何才能讓台鹽更好、更上一層樓。」

剛上任時，外界的確充滿政治酬庸質疑，不過不到一年的時間，洪璽曜過人的行動力和源源不絕的創意，不但讓台鹽的形象越來越好，更讓企業獲利成績轉虧爲盈，他的努力大家有目共睹，而報表和數字也會說話，讓他成爲執行力最佳的一位董事長。

憑著一定要讓台鹽走上國際舞台的理念和決心，洪璽曜覺得自己的時間眞的有點不夠用，所以更要分秒必爭，他說任何機會都不能放過，就是要讓台鹽隨時隨地都在做行銷。

有著企管專家的背景，加上在中國方面豐富的商業經驗及廣大的商界人脈，對台鹽國際化市場的行銷，有著極大的幫助。洪璽曜是商學博士及企管碩士，曾任全國台灣同胞投資企業聯誼會（台企聯）副祕書長、海峽兩岸聯合經貿協會祕書長、美聲廣播股份有限公司董事長、中華民國企業經營管理顧問協會第五、六屆理事長、國家發展基金會執行長、企管顧問公司總經理，專長企業的策略規畫與經營管理。

而他擔任台企聯副祕書長時期，熱忱貼切的服務深受企業界肯定，加上十分熟稔兩岸間市場變化，並擅長資源協調與整合，所以更可發揮其經營管理長才來強化台鹽企業體質。

拓展市場版圖

要將台鹽事業版圖拓展至大陸及海外市場，這些新的策略和遠景，洪璽曜深具信心。他說一定會讓老牌的台鹽企業永續發展，再次締造業績高峰，更要創造員工、股東、顧客三贏的新局面。

不可諱言，台鹽是一個行銷界的「奇葩」，它的成功經驗給很多準備轉型的產業一個啓發和學習的榜樣，不過也有不少人對台鹽的台灣本土文化行銷模式心存疑惑，很多人認爲台鹽如果眞的跨足到台灣以外的市場，會不會一樣成功呢？沒有台灣自家人的捧場，台鹽的品牌會不會一樣受歡迎？關於這一點，很懂創意行銷的洪璽曜說，大家絕對可以拭目以待。

洪璽曜在台鹽的十八堂課：讓不可能成爲可能，化腐朽爲神奇的台鹽經營傳奇，無懈可擊的掌握新時代的行銷契機，讓我們從經營面、行銷面、市場面、產品面和領導管理策略面去一窺台鹽在逆境中卓越成長的眞實面貌。

鹽、海水、陽光的在地故事，台鹽的傳奇，台灣的夢想奇蹟。

PART
1

Lesson 1

創意文化的價值

鹽雕翠玉白菜的小祕密

我覺得台灣的企業，一定要拋開舊價值觀念才有辦法贏，創意文化的包裝和行銷已經勢在必行。

董事長洪璽曜的小小創意，為台鹽創造了大大商機。

同樣有著翠綠閃耀的迷人光澤，連白菜上頭的螽斯和蝗蟲也雕刻得唯妙唯肖，台鹽版的鹽雕翠玉白菜，散發出閃閃發亮的台灣在地光采，讓人眼睛爲之一亮，而隱藏在它身上的龐大商機，更是令人驚嘆不已。

「企業主都希望產品可以賣到好價錢，有好利潤和更多附加價值，但是有時候利潤的創造卻不一定是單靠商品本身，如果能善加利用創意，加以創新，商品的利潤瞬間成數百倍增長。」

小創意，大商機

台鹽董事長洪璽曜有鑑於來台大陸人士在參觀故宮後，最後的伴手禮是國寶翠玉白菜仿製品居高，洪董事長以敏銳的嗅覺即利用了小小的創意，讓台鹽的翠玉白菜，創造了大大的商機。

鹽雕「翠玉白菜」是一個經典的創意文化成功行銷案例，一個經營者靈光乍現的點子，透過研發、設計、包裝和行銷後，成爲一個文化創意產業明星商品。

重達六公斤的鹽雕版「翠玉白菜」，一個售價一萬元，洪璽曜說：「精鹽一公斤成本十五元，但是經過轉換，變成國寶級的鹽雕商品，就可以賣到上萬元，利潤翻漲數百倍，這就是文化創意的附加價值。」

他指出，台鹽從製鹽業到生技產業，現在又跨足鹽雕市場，代表台鹽已經跨入文化創意產業這一塊，「我覺得台灣的企業，一定要拋開舊價值觀念才有辦法贏，創意文化的包裝和行銷已經勢在必行。」

「舉例說，商品如果只比價格，大陸、印度、越南的人工一定比我們便宜很多，我們不可能贏過他們，因此，該反向思考的是，要如何去增加商品的品質，並提高產品的附加價值，而不是只在價格上競爭。針對商品的附加價值行銷、品牌信賴感的建立、讓消費者感受到物超所值的服務行銷，才是目前台灣企業在行銷上要去追求的卓越目標。」

鹽雕創意傳奇

洪璽曜認爲了解顧客需求和對產品品質的追求，勝過一切。以後大家要比的就是創意和服務，這些才是別人拿不走的，是自己最大的資產。拿台鹽的鹽雕翠玉白菜爲例，或許有人認爲這是台鹽「無心插柳」或「不務正業」的商品，但其實我們看到的是商品多元化和附加價值的前景。

台鹽鹽雕藝術爲手工創作，是全球罕見的獨特藝品，以鹽爲核心素材，突破以往鹽品易溶損、難塑型的困境，以獨家創新的極致技法，歷經原型設計、精雕、鑄模、研磨、彩繪等十數道工序，呈現鹽雕藝品的藝術深度。鹽雕藝品蘊含東方美學的優雅意境，爲台灣藝術之精粹。首作是清朝著名玉器「翠玉白菜」，推出六公斤、二公斤及吊飾小白菜三種規格，並與故宮策畫聯盟聯手合作規畫在院內外專櫃展售外，台鹽生技門市亦有販售，大陸台商也積極洽談銷售事宜，之後還會陸續推出貔貅、金門風獅爺、虎虎生風等神獸，要積極搶攻千億文創產業商機。

其實，有關鹽雕商品的發想，是來自於遊客到七股鹽山，對於鹽雕藝術品讚不絕口，加上鹽雕商品的銷售成績不錯，但因爲持久性不長，促使他們去思考，如何把它轉換成一系列結合台灣在地文化又可珍藏的眞品牌。於是有了這項成功創意的範例，所以，「只要勇於創新，一定能帶來更多的競爭優勢。」

洪璽曜表示，他所期待並且想要建立的，就是重視創新的經營理念，對一個公司而言，一定要找到自己的商品特色和定位，他認爲，「擁有全世界最好的鹽，這就是台鹽的特色，所以用最好的鹽去結合在地創意文化，絕對可以找到機會。」

那爲什麼會以翠玉白菜來打響第一炮呢？精通兩岸商業事務的洪璽曜說：「因爲兩岸間的觀光交流越來越頻繁，爲了能掌握住大陸觀光客帶來的無限商機，我常常在思索要如何才能讓台鹽的產品更有機會，第一個閃過的念頭是『故宮』，因爲幾乎每個大陸觀光客都不會錯過這個必遊之地。」

接著他又想著，「大陸客最愛買的紀念品是什麼？」經調查後發現，故宮最受歡迎的複製文物紀念禮品是「翠玉白菜」，舉凡各種翠玉白菜紀念品的種類加起來就有數十種之多，而且一直以來都是銷售排行第一，每年爲故宮賺進上億商機，所以，這就讓台鹽團隊更確定以故宮文物爲系列鹽雕商品打頭陣的想法。

文創產業意義深遠

台鹽的鹽雕有幾個產品特點：第一，台鹽代表的是台灣在地精神，大陸客應該更有興趣；其次，鹽雕是一種全新嘗試，能讓人耳目一新；再者，鹽自古以來便是避邪的吉祥物品，用台鹽產製精鹽雕塑來開發台灣的文化創意產業，意義更加深遠。

於是，他緊鑼密鼓找來國內知名雕刻家，並著手和故宮洽談授權事宜，他認爲用精鹽雕塑故宮國寶來搶進觀光商機，可以創造另一個台鹽奇蹟。事實證明，這個創舉讓台鹽又增加一個能賺錢的商品。

「文化創意產業是台灣新興產業之一，如果可以整合地方文化美學與民間藝術，建構屬於台灣的獨創特色，一定能提升台灣國際競爭力。」爲推動台鹽從傳統鹽業轉型跨入文化創意產業，特別融合苗栗遠近馳名的雕刻文化，於台鹽苗栗通霄精鹽廠成立文化創意園區，創建世界首座創意鹽雕產製工廠，並與三義木雕協會攜手合作，要爲台灣的文化產業盡一份心力。

問洪璽曜對這樣的創意文化推廣有何感想，他答道：「我希望能由台鹽扮演台灣文創產業火車頭的角色，協助台灣藝術創作產業化，成爲下一波帶動成長的『經濟引擎』。」對於台鹽能跨足文化創意產業，他信心滿滿，還說這勢必會創造另一項台灣奇蹟。

1只要勇於創新，一定能帶來更多的競爭優勢。

2針對商品的附加價值行銷、品牌信賴感的建立、讓消費者感受到物超所值的服務行銷，才是目前台灣企業在行銷上要去追求的卓越目標。

3了解顧客需求和對產品品質的追求，勝過一切，未來大家要比的就是創意和服務，這些才是別人拿不走的，是最大的資產。

4文化創意產業是台灣新興產業之一，如果可以整合地方文化美學與本土藝術，建構屬於台灣的獨創特色，一定能提升台灣國際競爭力。

Lesson 2

借力使力
善用媒體妙宣傳

這就是爭取曝光的絕佳例子，海洋鹼性離子水這一曝光，不斷有人打電話來台鹽詢問，特別是中國方面的廠商，當然馬上就帶來意想不到的商機。

董事長洪璽曜借力使力，將媒體廣宣效應發揮得淋漓盡致。

有時廣告宣傳不一定要花大錢，透過媒體創造話題，往往會有意想不到的廣告效益。

在二次江陳會時，台鹽的海洋鹼性離子水意外成爲鎂光燈的焦點，當陳雲林一句：「這是哪兒的水呀?很好喝!」馬上讓這瓶水一下子聲名大噪，紅透兩岸。

當初由於國際矚目的江陳會中所使用的包裝水，承辦單位要求必須是高品質、高安全性，而且又要能夠代表台灣的飲用水。一方面台鹽是泛公營事業，自製包裝水品質安全可靠，並通過ＩＳＯ認證，另一方面，又是國內市佔率名列前茅的包裝水，在康健雜誌「二〇〇八健康品牌讀者票選」的調查中，獲得飲用水類第一名，所以算是台灣最具代表性的包裝水，因此獲得遴選爲江陳會的飲用水。

爭取曝光以創造行銷機會

「這就是爭取曝光的絕佳例子，這一曝光，不斷有人打電話來詢問，特別是中國方面的廠商，立刻帶來意想不到的商機。」洪璽曜表示，他自上任以來就不斷地找機會把台鹽產品帶上國際舞台，也主動參與贊助很多國際性活動，他認爲這些都是花小錢便能大大宣傳自家商品的最佳方法。

台鹽海洋鹼性離子水在江陳會上大受好評和矚目後，台鹽又順勢再接再厲，贊助捷安特從北京到上海「京騎滬動」自行車騎行活動用水，這也是爲大陸市場先暖身，不過這一贊助卻也一舉打響台鹽包裝水在大陸的知名度，這瓶水隨騎行壯舉長征大陸二十天、一六六八公里，等於又多了一次機會，把台灣第一好水推廣到對岸去，這就是爭取曝光宣傳的大好機會。

洪璽曜說當初會贊助「京騎滬動」活動，便是看上其健康訴求，與台鹽海洋鹼性離子水要打的健康形象一致，「我們特地從台灣運送四千八百瓶海洋鹼性離子水，每日提供長途騎車的車友飲用，爲車手補充運動流失的大量水分，預防脫水和體力喪失，並增進運動耐力，維護車手的健康和安全。」

洪璽曜當初的想法是，兩岸媒體對「京騎滬動」騎行活動一定會有不少報導，這樣一來就可以在大陸媒體上大量曝光，引起大陸消費者的注意和好奇，對於台鹽海洋鹼性離子水即將進軍大陸市場，就等同最佳免費宣傳。

產品定位必須明確

「在商品定位上，台鹽海洋鹼性離子水堅持用『台灣製造』來強化品牌定位，投入大陸市場外包裝除增加『台灣製造．安心可靠』標誌，也會特別標示『二〇〇八兩岸陳江會指定用水．台灣第一好水』來鞏固台鹽的品牌價值。」洪璽曜說決策者一定要很清楚自己商品的定位和行銷目標，他認爲爭取曝光重要，但商品定位也一定要清楚，才能更引起消費者的注意。

台鹽海洋鹼性離子水現階段在大陸試銷後，反應十分熱烈，大陸各地區皆有台商表明合作意願，洪璽曜表示，由於大陸沿海城市的國民所得高，外來水商機無限，初期包裝水業務也將以北京及天津爲主要行銷地區。

洪璽曜是一個經驗豐富的行銷高手，他深黯媒體行銷的魅力，知道「借力使力」的妙處，雖然可能只是一個短短幾秒鐘的曝光，不過能發揮的話題性和附加效應，可能帶來往後無限商機。

就如同他堅持「台灣製造」絕對是一個好賣點，他認爲在這短短一兩年間，兩岸將會有著許多令人興奮的大改變，能讓台灣的產品昂頭闊步地走出去，是一件令人期待又興奮的事。

1 雖然可能只是一個短短幾秒鐘的曝光，不過能發揮的話題性和附加效應，都可能帶來無限商機。

2 決策者一定要很清楚自己商品的定位和行銷目標。

3 選擇好的活動贊助，花小錢就能達到絕佳的媒體宣傳效果。

Lesson 3

把危機變成轉機

五二〇我愛你行銷解密

所以，危機有時會化為轉機，問題處理的好，阻力會變為助力，這件事讓我知道，以後要更加留意公司的問題，並提早尋找可行的因應之道。

董事長洪璽曜一連串創意行銷讓台鹽520ml包裝水起死回生。

「報告董事長，倉庫內五二〇毫升的保特瓶呆料目前還有一百萬個。」

「這麼多呀，當初怎麼會一下生產這麼多。」洪璽曜聽到這個龐大的數字，著實嚇了一大跳，他皺緊眉頭思索著要如何讓這一百萬個瓶子起死回生。

化腐朽爲神奇

原來，當初台鹽的鹼性離子水推出輕巧瓶的包裝設計爲五二〇毫升，但推出後，店家的反應不佳，原因是，這個容量和市面上其他六〇〇毫升的水比起來，容量太小，消費者喜歡選擇大容量的包裝。之後台鹽緊急改推出「容量增加，價格不變」的六〇〇毫升瓶裝水取代原五二〇毫升，不過這樣一來，這一百萬個五二〇毫升的瓶子，瞬間變成沒有用的呆料，靜靜地躺在倉庫角落。

算一算這樣光瓶子的耗損費用實在不低，洪璽曜直覺應該想辦法讓這些瓶子重見天日。

「好吧，先召開一個跨部門會議，我要大家一起想一想這批呆料有無其他可用之處。」

了解這些庫存的緣由之後，洪璽曜召開了一個動腦會議，他想聽聽看大家的意見和看法，他知道員工都希望你和他們肩併肩一起作戰，他們希望你能夠一起想辦法解決難題，然後一起去完成任務，特別是在這關鍵時刻。

「其實當初大家都認爲這個包裝應該會剛剛好，特別是針對女性消費者，或是運動族群，不過市場反應卻不是如此。」

「在日本有很多小包裝的水，賣得都不錯，不過在國內，消費者可能還需要再教育。」大家開始討論當初爲何會有這種失誤的判斷。

「我想我們需要的是把這些空瓶再利用，用創意改變來讓這樣的容量可以被大家接受。」洪璽曜要大家把重點放在「重新包裝」這個議題上。

洪璽曜認爲，「五二〇，諧音就是我愛你，如果我們拿這個做訴求，或許可以創造一個話題並吸引年輕的消費族群，這算是一種流行語彙，也很容易記住。」

經過熱烈討論，大家盡其所能的發揮創意，想要讓這些五二〇毫升的瓶子有更好的用途，當次會議大家決定就用「我愛你」爲主題，來讓這一百萬個五二〇毫升的保特瓶再次上市登入市場。

接著是推出的時間點，大家又開了幾次行銷會議，一致的想法是，既然都以五二〇爲訴求，就在五二〇當天推出吧，當然也要配合一些上市的宣傳活動來造勢。

免費的議題行銷

於是乎，配合運動樂活風潮，推出五二〇毫升運動鹼性離子水的新品上市案子終於定調，選擇在五月二十日新品上市，還可以搭上總統就職日的便車來加強話題性，然後大家又想出五二〇瓶台鹽運動鹼性離子水一元搶購活動，讓一連串五二〇數字，引起了消費者的好奇。

不過這一罐五二〇毫升的運動包裝水，還是引起了軒然大波，主要是因爲以容量五二〇來做爲飲料名稱，被部分媒體抨擊爲「拍馬屁」。但是洪璽曜強調，當初是爲了消耗掉這些之前訂製的保特瓶，所以發想出這一連串的創意行銷而已，不過，由於被扯上政治色彩，反而得以讓新商品一上市就免費登上所有媒體，這些宣傳，迅速地讓這款水成爲台鹽最暢銷商品之一，更成爲二〇〇九年全國運動會指定水。

「所以，危機即轉機，在問題中往往可以找到機會，問題處理的好，阻力會變爲助力，這件事讓我知道，以後要更加留意公司可能發生的問題，並提早尋找可行的因應之道。」洪璽曜認爲如果能將危機化爲轉機，讓問題變成話題，又能讓公司的損失降低，並創造更多利潤，這就是一個很成功的創意行銷。

1如果能將危機化爲轉機，讓公司的損失降低，進而創造更多利潤，就是一個成功的創意行銷。

2員工希望你和他們肩併肩作戰，他們希望你能夠和他們一起想辦法解決難題，然後一起去完成任務。

3危機有時反而會成爲轉機，處理的好，阻力將會變爲助力。

Lesson 4

創意台灣味
用在地文化搏感情

這就是一種結合觀光的創意文化行銷，我覺得結合一些創意行銷之後，商品的附加價值會慢慢顯現出來，而且會越來越耀眼。

台鹽為2009年元旦特別製作開運鹽，除了在總統府升旗典禮會場發放，全國台鹽門市也可免費索取。

台鹽自民國九十二年十一月移轉民營後，就一直積極致力多角化經營，除了研發生技美容產品外，也把原本七股鹽場堆積成山的鹽堆，改成一處觀光景點，爲當地帶來觀光商機，當然也在那邊舉辦過不少反應熱烈的活動，早已受到中南部地區民眾的熱烈認同。

「這就是一種結合觀光的創意文化行銷，我覺得很多商品的附加價值在結合一些創意行銷之後，都會慢慢顯現出來，而且會越來越耀眼。」洪璽曜認爲未來是創意主導的天下，轉型多元化經營一個企業，一定要善加利用並整合這些文化資源。

所以一上任，洪璽曜便召集了所有幕僚，他要知道以前辦過什麼樣的活動，活動的效益如何，他也要所有的數據和統計資料，因爲好的活動或行銷案是可以傳承下去，但效果不彰的就該被淘汰。結果他得到的答案是：「結合一些在地風俗文化的活動，特別容易獲得消費者的認同和喜愛。」

結合在地文化引起共鳴

於是洪璽曜馬上要相關部門研擬一些年度結合節慶或民間風俗的在地化活動，他認爲台鹽的「台味十足」，正是最有利的賣點，如果能結合台灣特有的文化，一定能讓它更深入消費者的心。

「接著，我們馬上於春節時在七股鹽山製作全國最大的『牛轉乾坤』大型鹽雕像，爲前來參訪的民眾『祈福轉運』。因爲每年一到春節旅遊旺季，七股鹽山都會吸引上百萬遊客前來，順勢推出全國最大的『牛轉乾坤』子母牛鹽雕像在春節亮相，一定可以吸引消費者和媒體矚目。」

他說台鹽花費不少心血在這個活動上，整整運用兩百塊鹽磚才雕刻出一比一的擬眞比例，並遠從雕刻名地——三義特別禮聘雕刻名家曾進財、林平原共同創作而成。「牛轉乾坤」鹽雕在「鹽山」的交互作用下，爲參訪民眾扭轉乾坤，廣納福緣。

洪璽曜認爲，企業的好形象就是要建立在這種地方，讓民眾覺得你不只是想賺錢，對社會文化的投資和責任也都有盡到心力。「現在的行銷，已經和以前不一樣，台鹽是台灣的在地企業，更有責任把經濟發展和在地特有文化結合在一起。」

無處不行銷

他舉了一個結合活動行銷的例子：每年元旦都有成千上萬的民眾會前往總統府前參加升旗典禮，因爲大家都會抱著迎接朝陽，迎來一整年好運氣的心去參與，所以他和團隊們便想到可以在升旗時把特別設計的「開運納財」開運鹽，拿到會場發送，用開運鹽和全民一起開好運、過好年。這個點子讓人眼睛一亮，洪璽曜二話不說，馬上請團隊著手進行，這也在當時引起了不小的話題。

他說，「這就是一個很有趣的話題加上EVENT行銷，有傳統民俗、有節慶、有特別的意義等，事實亦證明，這樣的行銷活動很容易讓消費者看到我們在做什麼，商品的知名度也會順勢打開，所以行銷真的是可以無處不在。」

洪璽曜補充說明，當初爲何會有這樣的創意，「因爲鹽自古即是財富的象徵，亦被視爲避邪驅魔的聖品，台灣習俗以鹽巴、米粒的『灑鹽米』儀式爲小孩祈祐平安。所以我們特別取意古法，在元旦或春節期間發送開運鹽爲民眾招財進寶、吸納福氣、帶來連連好運。」像這樣的在地文化，一方面能引起消費者的共鳴，再者，也能塑造關心台灣文化的企業形象，是一舉多得的另類行銷。

「一個好的企業除了公司的利潤外，還應該擔負起社會責任，不論是在社會文化的提升、在地經濟的發展，甚至到生態、環保、關懷弱勢等議題上，企業都有責任去投入和關心。」洪璽曜表示台鹽未來一定會在這個領域上做得比現在更多、更好。

1 未來是創意的天下，轉型多元化的經營一個企業，一定要善加利用並整合資源。

2 好的企業還應該擔負起社會責任，不論是文化的提升、經濟的發展，生態、環保、關懷弱勢議題，企業都有責任去投入和關心我們的社會。

3 企業行銷有責任把經濟發展和在地特有文化結合在一起。

4 結合在地文化，能引起消費者共鳴，也能塑造關心文化的企業形象，一舉數得。

Lesson 5

創造話題
小兵也能立大功

引爆一個熱烈的「話題」，讓媒體或消費者注意到你，然後把所要傳遞的訊息順勢傳遞出去。

台鹽董事長洪璽曜（中）、崇學國小校長呂岳霖（右四）、王建民啓蒙教練劉永松（左三）及崇學國小棒球隊一同為王建民進行祈福儀式。

結合「話題」或創造「話題」都是一種成功行銷的方法，因為現在是多媒體行銷時代，產品的促銷或曝光，不能單靠廣告，最好是讓消費者有參與感，這樣的行銷往往更令人印象深刻。

「企業透過資源，用創意或活動，來創造一個大眾關心的話題或議題，讓媒體主動報導或吸引消費者的參與，達到銷售商品或提升企業形象的目的。這樣的行銷就是有效的行銷。」洪璽曜知道媒體喜歡什麼、消費者關心什麼，抓住這樣的心態，善用商品或活動去創造一些有趣的話題，就能讓大家輕易注意到你。

「引爆一個熱烈的『話題』，讓媒體或消費者注意，然後把訊息傳遞出去。」洪璽曜認為行銷有時需要主動出擊或乘勝追擊。

主動出擊增加宣傳

不過話題行銷的成功關鍵，往往在於素材的強度，能否引起認同或討論。「所以話題一定要夠吸引人，這樣才有口耳相傳或報導的價值，也才能讓消費者樂於去與人分享。」他表示，對於這類的話題行銷，只要操作得當，企業可以不費吹灰之力便創造出引發討論的話題，如此，不用花大錢，一樣能得到很好的宣傳效果。

洪璽曜舉台鹽之前辦過的活動爲例，他說，台灣之光王建民的一舉一動都是全台人民的關注焦點，之前王建民腳傷，大家都十分擔心，都祈禱他能早日康復，所以台鹽便和王建民母校崇學國小棒球隊，一起響應並舉辦了一個爲王建民加油的祈福活動。這個活動雖然規模不是很大，不過卻成功創造了一個全民都關心的話題——「大家一起來幫我們的建仔加油。」

洪璽曜也在活動中提出「早鹽晚蜜」這種台灣傳承的養生法，爲王建民增進建康，早晨以〇．五公克食鹽調配二五〇CC開水沖一杯淡鹽水，漱口後，慢慢飲下；晚上臨睡前喝一杯蜂蜜水，促進新陳代謝。並贈送結合膠原蛋白及軟骨素的台鹽「膠原骨錠」，期盼王建民腳傷能夠早日康復，並贈送「台鹽特級精鹽」，希望王建民在出賽前都能灑一把家鄉的鹽，爲賽事開運祈福。

像這樣的活動，因爲主題很明確，所以輕易地便得到大家的認同，在凝結對王建民遙遠的祝福外，更成功地爲台鹽商品做了一次絕佳的形象與產品宣傳。

樂活宣言，讓生活與行銷緊密結合

還有，社區廣播電台（ICRT）三十周年台慶，在台南縣舉辦「台南縣Bike Day」單車日活動，上千名民眾騎著單車到七股鹽山，這樣的活動，台鹽也大力贊助，因爲「ICRT、單車、生態」，三者又結合出一個響應「自然樂活」的環保話題，這和台鹽訴求的美麗、健康的形象完全符合，因爲參加活動能讓大家騎車運動健身之際，也能乘機欣賞南部的濱海風光，結果果然吸引了大批民眾報名參加。

「我們準備一百箱台鹽運動鹼性離子水，提供每位參加者，也準備綠迷雅晶鑽靚白防晒乳做爲摸彩品，讓台鹽的商品和大家也能有互動。」洪璽曜對於利用環保節能及健康訴求來倡導台鹽「樂活宣言」

的行銷十分滿意，因爲透過這樣的活動，可以讓行銷和消費者的生活更緊密地結合在一起，這就是成功的活動行銷。

洪璽曜表示，他期許未來台鹽能參與更多的社區或公益活動，「因爲身爲一個在地的企業，一定要知道回饋和感恩，這樣才能建立更好的企業形象。」台鹽也對公益活動十分重視，希望能回饋社會並幫助弱勢團體，建立更好的企業形象。

1 用創意或活動，來創造一個大眾關心的話題或議題，讓媒體主動報導或吸引消費者參與，達到銷售商品或提升企業形象的目的。這樣的行銷就是有效的行銷。

2 身為一個在地的企業，一定要知道回饋和感恩，這樣才能建立更好的企業形象。

3 讓行銷和生活更緊密地結合在一起，這就是成功的活動行銷。

4 知道媒體喜歡什麼、消費者關心什麼，抓住這些去創造一些話題，能讓大家更注意到你。

PART
2

Lesson 6

創造品牌價值
維持品牌不墜的眞理

品牌價值要有明確定位，利用品牌價值去行銷，才能精確發揮行銷效率。

2009台鹽鹽品榮獲讀者文摘信譽品牌金獎，台鹽董事長洪璽曜(右)接受外貿協會董事長王志剛頒獎。

洪璽曜認爲唯有「品牌」價值被建立，才能創造佳績。

他說，台鹽絕不能以現有產品的成績而自滿，因爲商品都有週期性，所以還要針對不同的客層和行銷目的，去擬定有效的行銷計畫，因此，商品的定位一定要很清楚。「品牌價值要有明確定位，利用品牌價值去行銷，才能精確發揮行銷效率。」

對老企業而言，很多人可能認爲品牌一點都不重要，因爲大家都是認你的「老」字號招牌，這也是當初台鹽在轉型期遇到的嚴重問題之一，洪璽曜說很多人跟他說，「台鹽要賣的就是台鹽呀，撇開台鹽這個ＬＯＧＯ，可能什麼價值也沒有。」不過，他卻認爲，台鹽應該是要以台鹽爲基礎，但一定要在產品上求新求變，創造另外一種商品或品牌的眞實價值，只有創新再創新，才有辦法讓老企業生存下去。

脫胎換骨，注入新創意

另外，也有不少人跟洪璽曜反應過，台鹽的廣告和商品策略，眞的是「俗擱有力」，關於這一點，他認為隨著產品和行銷的創新，廣告策略也會跟著創新。他說，台鹽當初藉著政界名人的見證來做廣告，雖然一下就打響綠迷雅產品的知名度，但是正負評價都有，平心而論，這支廣告還眞是引起了一陣討論話題，甚至連對岸的朋友都指名要買「立委牌保養品」，所以有達到部分廣告效益。不過，以後要不要沿用這樣的廣告調性，可能會經過市場調查分析來決定，因為不同的商品，會有不同的訴求和目標客戶，所以廣告策略也要創新。

「有不少消費者反應，政治明星代言會讓人覺得那是『歐巴桑』專用產品，有老化品牌的錯誤印象，儘管綠迷雅產品切入的是熟齡肌膚，但是政治人物代言會不會有政治色彩的聯想，一切都還是需要評估。」洪璽曜認為邀請知名女星、政治名人或主播代言，是美妝保養品慣用的行銷手法，但如何找出符合品牌形象，讓消費者打從內心認同，是應該思考的問題。

「其實台鹽的第一支廣告，還是由台灣第一名模林志玲拍的蓓舒美洗面乳和洗髮精廣告，而新一代的年輕代言人則找到很受歡迎的馮媛甄，代言綠迷雅晶鑽靚白系列產品，不同的產品會有不同的廣告策略和代言人，未來也會在網路上票選找尋適合的產品代言人。」洪璽曜說，當初台鹽綠迷雅的成功除了廣告外，產品的口碑傳播才是致勝關鍵，不過目前因應新的產品策略，也會去尋找不同的產品代言人，讓產品和目標客戶群更接近。

新產品的推陳出新

台鹽十分看重保養品這塊市場，所以商品力強不強，有無不定期推出新商品，和商品的區隔等，都要隨時關切，「不管任何商品，除了明星商品外，不定期地推出新產品，是維持消費者忠誠度的方法之一。」因爲商品都有生命週期，不斷推陳出新才是行銷商品的上策。

「例如，我個人便認爲男性保養品市場就很值得去開發，因爲台鹽已經在女性保養市場站穩腳步，而男性保養品市場是一個尚未有多數競爭者的區塊，加上男生保養風潮已起，未來一定有很大的商機。」

洪璽曜認爲台鹽「綠迷雅」在女性保養市場已佔有一席之地，現在還要乘勝追擊，將保養領域拓展至男性市場。

台鹽「LA-MIEL男迷雅」以簡約自然的保養風格爲訴求，一樣有台鹽對卓越品質的堅持，推出之後，反應極佳，勢必會再掀起一股台灣男性保養的新風潮。

「建立好的品牌形象，是當今台鹽行銷最重要的課題，要如何深植產品形象在消費者心中，除了藉好的商品力和好的服務品質，讓使用者認同、讓客戶忠誠度加強等，都是維持品牌不墜的重點。」

「價值創新」也是洪璽曜堅持要落實的事，要從客戶的角度去探討客戶眞正需要的是什麼，然後提供能滿足客戶需求的產品。消費者現在追求的價值大都是感性的、主觀的，只有被認定有價值，才會被購買，這些都在在顯示，企業要去注意服務創新和價值創新的內涵。

台鹽在堅持這方面做得很用心，要讓消費者產生信賴感，洪璽曜說這就是台鹽的品牌價值。所以，一定要清楚自己的品牌定位與品牌核心價值，才有資格去建立一個眞正的品牌。

1商品要有明確的定位和市場區隔，利用區隔行銷，找到對的目標市場，才能精確發揮行銷效率。

2品牌形象是行銷重點，深植產品形象在消費者心中，除了藉好的商品力和好的服務品質外，能讓使用者認同、提升客戶忠誠度，也是維持品牌不墜的重點。

3清楚自己的品牌定位與品牌核心價值，才有資格去建立一個眞正的品牌。

4不管是任何商品，除了明星商品外，經常有新產品上市是維持消費者忠誠度的方法之一。

Lesson 7

聚焦行銷的眞諦
把焦點放在有利的商品和通路上

決策者要知道如何取捨，如果只是一味地研發或發展全新的產品線，還不如在愼思與評估之後，採行「聚焦」的行銷方式，讓商品週期加長。

台鹽董事長洪璽曜(中)與國營會組長何華勳(左一)、台灣生技加盟發展協會理事長杜淑觀(右一)、馮媛甄(左二)、侯麗芳(右二)進行新品上市啟動儀式。

很多企業在發展過程中會碰到的一個問題是，要如何在創新和聚焦間取得平衡。

洪璽曜也發現了這個問題，台鹽在創新之後，發展的路線越來越廣，也越來越不容易聚焦，但是與其各項成績平平，還不如選擇最有發展潛力的商品去「聚焦」行銷，他認爲這樣才有機會轉虧爲盈。

「決策者要知道如何取捨，如果只是一味地研發或發展全新的產品線，花的時間和金錢都不在少數，還不如在愼思與評估之後，採行『聚焦』的行銷方式，讓好的商品週期加長。」

打破不斷要往外拓展的商品線策略，洪璽曜上任後，踩了一下煞車，他把所有商品策略全部跑過一遍，把商品和通路的利基點和問題點都一一指出來，再針對這些基礎，去擬定新的策略。

「我認爲不斷開發新商品其實是一種戰術，在初期或短期可能很容易奏效，但不能當做經營的主軸。建立一個好品牌，讓品牌深耕人心，才是企業經營之本。」他希望台鹽走的是永續經營的路，所以在行銷方面要思考的更長遠，他不希望永遠都只是短打代跑。

深耕品牌，聚焦式行銷

聚焦（focus）行銷成爲洪璽曜上任後的一個經營重點策略。「一旦回歸到行銷的基本法則，聚焦在有利的商品和通路上，才能在競爭劇烈的行銷比賽中脫穎而出。」

「我要做的改變是，將原有複合式多元化策略，調整爲鞏固核心本業的聚焦式經營。首先，將有限的資源集中在商品力最強且附加價值最高的部分，先鞏固核心事業，包括原有的核心本業（鹽及相關衍生水產品）、生技事業（膠原蛋白化妝品、保健食品）。而企業願景也以健康、美麗的訴求相呼應。」

以生技事業來說，洪璽曜表示，台鹽超人氣的膠原蛋白產品，長久以來一直深受消費者喜愛，早已建立「全台灣最好的膠原蛋白」的口碑。所以不管是台鹽任何系列產品，都會以膠原蛋白爲主成分，不過，會再針對不同年齡層或訴求去做市場區隔。如熟齡肌膚的綠迷雅晶鑽系列；年輕族群的綠迷雅銀妍系列；強調美白的綠迷雅晶鑽靚白系列。當然全新綠迷雅膠原蛋白系列一樣會是主打商品；而水的部分，還是會以台鹽海洋鹼性離子水來做主打；而保健食品方面也以最熱賣的膠原系列和納豆系列來聚焦行銷。

「台鹽以產品的品質穩定性取勝，產品形象在市場佔有一席之地。這一切得來不易，因此我們就是要以我們的強項去爭取更好的成績。」洪璽曜信心滿滿要讓台鹽發光發熱，他說因爲商品力就是最好的賣點。

很多人會有品牌一旦老化該怎麼辦的迷思，洪璽曜則認爲，品牌核心價值的延展性夠不夠強，對經營聚焦的能力夠不夠堅持，才是最重要的。如果不堅持原則，只會跟隨潮流，短時間可能會有很好看的成績單，但是時間一過，曇花一現，不無可能。

他也強力鎖定「台鹽海洋飲用水系列」產品做主打，這是未來台鹽創造營收最大利器之一，台鹽海洋鹼性離子水（國內版）成爲二〇〇八江陳會指定用水，洪璽曜更憑著與大陸人士頗深厚的交情，讓台鹽海洋鹼性離子水（外銷版）成爲二〇〇九年京騎滬動自行車騎行活動的指定用水，快速打響台鹽包裝水在對岸的知名度，至於專爲運動人口量身定製的五二〇毫升台鹽運動鹼性離子水，也成爲ICRT「Bike Day」活動以及二〇〇九全國運動會的指定用水，讓強項產品密集曝光，這些都是聚焦行銷的策略。

洪璽曜認爲，任何產品的行銷，應該要先依照產品特性，清楚定位其不同通路與其訴求群，最好先想清楚該產品的優勢，然後去密集強勢宣傳，這樣才能發揮行銷的最大效果。

1 創新是一種戰術，在初期或短期很容易奏效，但是不能當作經營主軸。建立品牌，讓品牌深植人心，才是企業經營之本。

2 聚焦在有利的商品和通路上，才能在競爭劇烈的行銷比賽中脫穎而出。

3 品牌核心價值的延展性夠不夠強，對經營聚焦的能力夠不夠堅持，是企業成功的基礎。

4 要依照產品特性，清楚定位其不同通路與其訴求群，最好先釐清該產品的優勢，才能發揮其行銷的最大效果。

Lesson 8

樂活行銷
把健康概念導入市場

導入健康概念是現代行銷必做的一環，健康觀念能創造絕佳的行銷機會，增加無限商機。

董事長洪璽曜舉辦台鹽海洋鹼性離子水抽獎活動，大方送出BMW自行車。

洪璽曜很積極地要把「健康、美麗」的觀念導入台鹽的行銷策略中。

「健康議題是現代行銷中不能忽略的，身體的保養越來越被重視，這便是健體養生產品大賣特賣的原因之一，於是乎，要如何把健康概念導入市場，也就成爲現代行銷必學的一環，健康觀念能創造絕佳的行銷機會，增加無限商機。」

「樂活」和「環保」是現代商品行銷一定要導入的概念。因爲現代人都很關心環保議題，因此也會注意對健康有益的事，在消費時，也都會以健康和對社會環境的責任去考量。

所以，台鹽在行銷上也努力朝樂活與健康這一方面去前進，洪璽曜舉例說明，台鹽辦過名爲「樂活新台灣，幸福馬上來、我愛您 運動吧！」的活動，除了鼓勵國人要多運動，同時還要喝好水，讓身體更健康。並在會中提出「愛運動、愛好水、愛健康」樂活宣言，呼籲大家一起動起來，爲健康加分，這便是一個結合「樂活」和「健康概念」的商品上市活動。

台鹽響應「樂活」推出五二〇毫升「台鹽運動鹼性離子水」是專爲運動愛好者所設計，採用海洋生成水及海水濃縮液經特殊電解製程，具有小分子團水之特性，容易被人體吸收，能迅速補充運動後流失的水分，鹼性水質可適度調整體質，促進新陳代謝，有益健康，是一瓶好吸收、零熱量、無負擔的健康好水，洪璽曜說，這是一個完全以「健康」爲訴求的新商品。

洪璽曜說，其實台鹽以品質優先的一貫精神，自從推出「海洋鹼性離子水」，上市以來深受消費者喜愛。鑑此，台鹽又特別針對運動族群推出容量適中、方便運動族群外出隨身攜帶飲用的「台鹽運動鹼性離子水」五二〇毫升，目的就是要推動國人的健康生活，並培養運動習慣。

而台鹽行銷團隊也喊出了樂活ＢＭＷ（Bike、Move、Walk）的口號，希望能加強消費者的樂活觀念，養成定期運動的好習慣，如騎單車、跑步、走路等，都是很好的選擇。當然，也要記得運動後多喝水幫助體內環保。以健康訴求爲主題的行銷活動能讓商品看起來更有活力和「賣點」。

洪璽曜一直認爲「健康訴求」是未來行銷的趨勢，各行業現在都迫不及待要導入健康概念保健品，而台鹽早在轉型前期就思考到這個層面，因此台鹽的保健產品一直都是走在生技產業的前端，商品的品質和銷售成績更是有目共睹。

而不光在水和保健品上朝健康導向前進，台鹽「健康減鈉鹽」和「健康美味鹽」也都是以健康訴求，樂活至上所開發出來的產品。「吃健康的，用高級的」「少吃鹽、多用鹽」也成爲大家朗朗上口的廣告詞。

「樂活是現代人對快節奏生活的一種反省所產生的一種生活概念。期許讓資源可以循環利用，創造更美麗、健康又環保的生活環境，也是所有產業應該努力的一個目標，台鹽也期許能爲樂活注入更多活力。」洪璽曜要把台鹽的樂活觀念也行銷出去，因爲台鹽商品全部台灣製造，大家可以用的更安心。

1「樂活」和「環保」是現代商品行銷一定要導入的概念。因爲現代人關心環保議題，注意健康，在消費時，會去考量這兩個因素。

2 把健康概念導入市場，成爲行銷學的一環，健康觀念是創造絕佳的行銷機會點，能增加無限商機。

3 以健康訴求爲主題的行銷活動能讓商品看起來更有活力和「賣點」。

Lesson 9

網路創意行銷
快、狠、準的祕密武器

企業必須在網路上和消費者互動與溝通，同時最好能利用網路無遠弗屆的傳播力量，去達到其行銷的目的。

台鹽董事長洪璽曜（中）推出「2009水妹酷哥Ms. Sweet & Mr. Cool」網路票選活動。

顚覆傳統大眾傳播模式，網路行銷的多元，能和消費者即時互動及可量化的效益評估，愈來愈受到企業主的喜愛，洪璽曜亦認爲，「新的行銷思維，要架構在能結合傳統與新的多元媒體上，網路不失爲一個行銷利器。」

「現在的企業必須在網路上和消費者互動與溝通，最好能同時利用網路無遠弗屆的傳播力量，去達到其行銷的目的。」他說網路已是共通語言，所以不論是商品上市、公關活動、廣告行銷或促銷等，都不要忽略這股傳播實力。

「網際網路讓行銷帶來新契機，也讓企業主開啓另一個思考的平台。全新的網路行銷嘗試，往往能有『以小搏大』的加乘效果。」洪璽曜說，台鹽在一開始就有效應用網路行銷，讓消費者的口碑在網路上迅速流傳，產生了相當驚人的力量，一開始的「台鹽四寶」就是從網路上成功竄起，而膠原蛋白產品更是在網路上引起網友的熱烈討論。

善用網路行銷利器

他以最近一個台鹽在網路上引起年輕人熱烈討論的台鹽「水妹酷哥」和「尋找好男人」兩項選拔活動爲例，在短短的活動期間內就創造不少話題和網友的熱烈參與，除了讓台鹽形象更年輕化，也直接帶動產品的銷售量。

「網路選拔帥哥美女，非常容易創造年輕人的參與感，拉近消費者和產品的距離，產生的大量點閱率以及媒體報導，話題效果十分驚人。」洪璽曜說，新世代年輕人就是愛展現自己的青春活力，徵選年輕代言人，一方面可與年輕人交流，二來也爲了符合台鹽新商品的產品特色。代言人徵選除了能一圓年輕人的明星夢，也可透過年輕人的口碑傳播讓新商品知名度大大提升，眞的是一舉數得。

他說，相對於傳統廣告，網路帥哥美女選拔活動的成本低，又能有數據顯示活動期間所累積的廣告效果，還能分析並收集到這些參與活動的客戶資料，讓台鹽更清楚辨這種活動所創造的效應。這也是台鹽在積極尋找的一個新方向——更貼近年輕人的新行銷。

讓產品年輕化

「以前大家都覺得台鹽很土、很老氣，不過事實上，不管是商品、活動和行銷策略，我們正逐步把年齡層拉低。就拿這次的水妹酷哥選拔為例，透過網路人氣票選，總共吸引了百位參賽者，在活動期間，共累積了上百萬人次的點閱率，效果眞的是嚇死人。」能在短時間內匯聚百萬網友注目，並引發各式話題討論，吸引媒體報導，這就是現代行銷的祕密武器。

所以，洪璽曜在這幾次的網路行銷活動中，學到了寶貴的一課。首先，網路行銷能有效創造和消費者的互動性，有參與感的網路活動，往往比平面媒體更具吸引力，更能創造品牌知名度和商品曝光率。再者，由於網路使用者的年齡層廣，傳播力強，能為產品增加更多更廣的客層。

由於網路行銷空間與效益無限寬廣，加上網路開放互動遊戲，參與者的熱烈回應都能讓活動或商品更受到矚目，因此，台鹽也要積極開創出年輕有活力的行銷模式，來抓住這些年輕族群的心。

1 網路已是共通語言，所以不論是商品上市、公關活動、廣告行銷或促銷等，都不要忽略這股傳播魔力。

2 網路行銷的多元，可和消費者即時互動及可量化的效益評估，愈來愈受到企業主的喜愛。

3 新的行銷思維，要架構在能結合傳統與新的多元媒體上，網路不失爲一個行銷利器。

4 網路行銷空間與效益無限寬廣，加上網路開放互動的遊戲，參與者的熱烈迴應都能讓活動或商品更受到矚目。

Lesson 10

服務行銷至上
打造美好的消費年代

好的服務就是要能提供一種幸福感給消費者，讓客人有好心情去消費，你對客戶的服務是可以被感受到的。

台鹽董事長洪璽曜親自領軍，全省招商走透透。

「管理大師彼得．杜拉克說過，服務是企業的競爭優勢。」洪璽曜認爲這句話說得很精準，現代企業一定要打造卓越的服務品質，加強拉近與消費族群的接觸，並貼近消費者的心。

「服務行銷正在創造一個更美好的消費年代。」

洪璽曜說，台鹽堅持的，不光是要生產最好的商品，「服務」也絕對要好。他說大部分的行銷策略，都是以活動爲主，大家只在乎曝光率高不高，但是針對不同商品，其實應該選擇不同的行銷方法，以台鹽的包裝水爲例，需要的是和活動結合的高曝光率，因爲活動可以讓商品感覺年輕、健康、有活力。

用心服務，以客爲尊

但是，如果以台鹽的保養品來說，如何能讓消費者在門市安心試用、服務小姐輕聲細語地介紹產品的使用方法、服務的附加價值等延續效果，這些和活動行銷同樣重要，因爲唯有藉著試用與體驗產品，以及面對面的完善服務，才能拉近和消費者間的距離。

其實，台鹽綠迷雅保養品在早期就率先提過「無效退費」的使用保證，目的就是要讓產品的品質先被消費者認同，一旦被認同並且開始購買，慢慢地就能成為品牌的忠實客戶。洪璽曜說：「服務行銷是一種面對面的互動，重點是消費時的感覺、有無被尊重感、有無完美的消費感、對銷售員的好感度等。如果能讓消費者在買到商品後，還能十分滿意地又再度光臨消費，不但對品牌忠誠度增加，也能有效率的提升業績。」

洪璽曜常跟營業部門的員工說，「好的服務就是要能提供一種『幸福感』給消費者，讓客人有『好心情』去消費，你對客戶的服務是可以被感受到的。」

不過，有時看到員工不好的服務，他也會反省，員工的表現是不是和公司有關，「如果公司對員工態度很差，福利、環境、薪水樣樣不好，下屬又常被上司刁難，我認為員工對待客戶的態度，自然也不會好。」

所以，如果企業想要員工提供客戶最好的服務，就要以同樣的方法去善待員工，員工的熱誠會表現在服務上。「如果你都是用微笑、好心情的態度去對待你的員工，他一定會用一樣的方式去對待客人。」洪璽曜一直深信以身作則的管理哲學，做行銷或做管理都要知道「將心比心」。

另外，他也力行加強服務的附加價值提升，例如台鹽會經常舉辦和美麗、健康有關的研習或講座，便是希望消費者可以有更多的學習，讓自己變得更美麗、健康，這就是一種附加的服務，企業的用心，客戶都會看得到、聽得到、感覺得到。

曾經身爲資深的企管顧問，洪璽曜深黯客戶就是企業「主人」的道理，「客戶就是你最好的朋友，要以他爲焦點，了解他、掌握他的心，有任何客訴抱怨都要當下處理，有任何產品投訴或客服上的問題也要立即回應，只要能得到客戶的認同，你的服務就成功了一半。」

1 加強拉近與消費族群的接觸，並貼近消費者的心，服務行銷正在創造一個更美好的消費年代。

2 企業想要員工提供客户最好的服務，就要善待員工。

3 服務行銷是一種面對面的互動，重點是消費時的感覺。

4 客户就是你最好的朋友，要以他爲焦點，了解他、掌握他的心，有任何客訴抱怨都要當下處理，有任何問題也要立即回應，能得到客户的認同，你的服務就成功了一半。

Lesson 11

比賣產品更重要的事

把客戶當朋友，不要當獵物

要感謝顧客肯上門來消費、要感謝客人願意花時間聽我們介紹產品，要把消費者當朋友，而不是把他們當獵物看待。

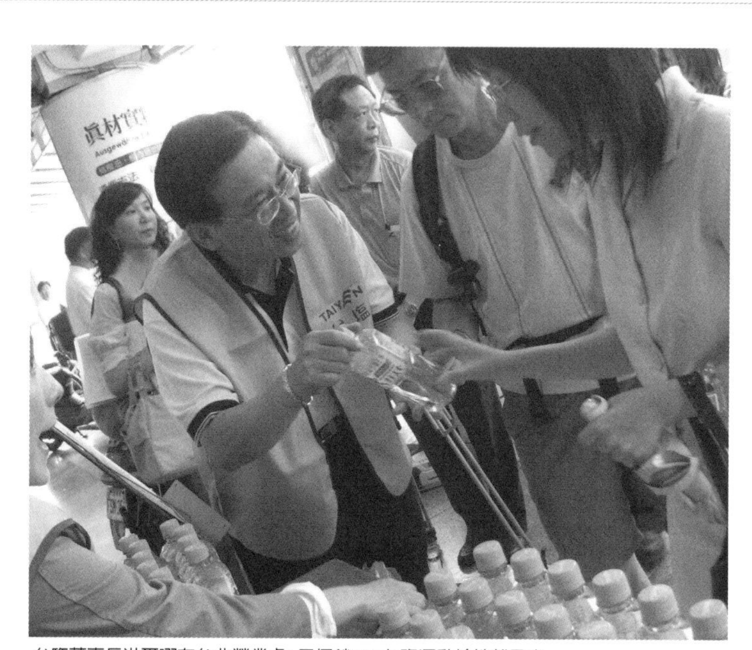

台鹽董事長洪璽曜在台北營業處1元促銷520台鹽運動鹼性離子水。

如果你在門市看到洪璽曜董事長親自在為顧客講解商品，千萬不要懷疑，因為他說親自上線，才能更了解商品和公司的運作，一方面有帶頭作用，一方面也可以觀察員工和客戶的互動。

「我認為在顧客導向的現代行銷中，去營造一個主動、友善、顧客至上的消費氣氛很重要，我要求在門市的工作人員對待任何一位上門的顧客，態度一定要真誠，交談也要親切，重要的是，絕對不能給消費者絲毫銷售的壓力。」

他說，這是個「服務至上」的時代，抱持著感恩的心去為客戶服務是最基本的工作態度，要感謝顧客肯上門來消費、要感謝客人願意花時間聽我們介紹產品，所以態度決定你帶給別人的感覺，要把消費者當「朋友」，而不是當「獵物」去看待。

有次，洪璽曜在門市無意間聽到行銷人員的對話：

「剛剛那個客戶真是討厭，意見一大堆，又囉唆，還自以為懂很多呀。」

「對呀，問那麼多問題、東摸摸、西摸摸的，可是卻什麼都沒買。」

「對呀，應該只是進來吹冷氣、打發時間吧。」

事後，洪璽曜把那兩位銷售員叫過去：「你們身爲第一線的人，怎麼可以這樣對待客人，特別是這種在背後說客人是非的事，以後絕不能再發生。你們一定要發自內心去服務客戶，而不是在於他今天有沒有花錢消費，如果他感受到你們的眞誠，即使今天沒有找到想買的東西，下次有機會一定還是會上門。」

他說，「只要顧客一上門，那怕只是東摸摸、西問問，都要以禮相待。」不管他有沒有買，一踏進台鹽門市開始，所有的細節都是品質的一環，如果只是一味想要快快推銷產品，服務品質就會降低，也很難得到客戶的信賴，如果擺臭臉給客人看，客人很快會收到你傳遞的訊息，哪還有好心情去消費，這些細節都環環相扣。

洪璽曜分享一個小故事來說明態度不同會產生的不同結果，那是他在一本書上看到的：

有兩個義大利的泥工正在趕工砌一面牆，結果人家問他們在做什麼呀？那天豔陽高掛，兩人早已汗流浹背，氣喘如牛，其中一人沒好氣地賭氣回答，「天殺的，我正在砌那道該死的牆呀，快熱死啦，眞不知道還要砌多久。」可是，另一個工人卻慢慢抬起頭，帶著燦爛的笑容答道：「讚美主，我現在砌一道神奇的牆，不久的將來你就會看到一座最美的教堂囉。」

一樣都是做粗活的泥工，一個只會埋怨，而另一位卻是滿懷感恩之心，你認爲下次人家要找人，會找哪一個。

「所以，我常跟員工說，換個角度想，把消費者當成你的朋友看待，你就不會老是漫不經心或覺得不耐煩了，因爲你不會這樣對待你的朋友。」

他經常拿這個小故事來鼓勵員工：做事要認眞、對人要眞誠，還要永遠心懷感恩。

發自內心的眞誠才能感動客戶

另外，洪璽曜也常告訴第一線的員工，客戶對商品口碑相傳的力量是最驚人的，帶客的效率往往也最高，所以當然要和客戶成爲朋友，因爲他會爲你帶來客源並創造出好業績；而消費者的正面評價，有時比廣告還有用。如果你對你的消費者眞誠，他們就會回饋意見或想法給你，這些都是用錢買不到的寶貴經驗。

他又舉例，台鹽的「綠迷雅」系列保養品，已在膠原蛋白系列產品中佔得龍頭地位，不過消費者大都是女性，但剛推出的男性保養品系列產品「男迷雅」，要靠誰來推銷？眾所周知，男性朋友都比較不好意思去專櫃或門市買保養品，所以，老客戶就成了最好的推銷員，老客戶們可能會幫先生或男朋友購買，所以一定要認清，客戶正是我們最大的資產。

「以前大家都說要提升客戶滿意度，我覺得現在除了滿意度外，一定還要加上客戶的『感動度』。要讓客戶在消費時除了對產品和服務滿意之外，還能很愉快地去享受服務，他的感動有多深，對你的回饋就會有多深。」洪璽曜認爲這將會是一個新趨勢，要讓客人感動，一定要發自內心的對客戶好，讓他們感受到你的眞誠，這絕不是裝模作樣的敷衍所能取代的。

1 營造一個主動、態度親切與顧客至上的消費氣氛很重要。

2 要把消費者當朋友，而不是當獵物。

3 消費者的正面評價，有時比廣告還有用。

4 我覺得現在除了滿意度外，一定還要加上客户的感動度。

Lesson 12

口碑傳播魅力 創造行銷成功的奇蹟

台鹽的行銷模式靠網路口碑的優勢，一開始就有好成績。

台鹽洪璽曜董事長(右)與活動代言人江岷欽教授(左)共同宣布台鹽男迷雅新品正式登場。

「台鹽保養品成功的行銷模式顛覆傳統，一開始採用的是，有效應用網路行銷的方法，先讓消費者的口碑在網路上流傳，聚集了相當驚人的力量。接著，再以證言式廣告吸引年齡層較高的女性族群，並以多元式通路如藥妝、直營及加盟門市來逐步擴展整個市場。」洪璽曜說，綠迷雅一開始引起一陣國產保養品旋風，其實靠的就是，大家口耳相傳的口碑。對女性朋友而言，使用見證勝過一切，加上口碑傳播速度快，一下子讓知名度大增。

洪璽曜認爲，「企業應該提早去思考，如何因應快速變遷的社會，如何調整行銷的方式。」很多人可能不知道，其實台鹽當初是以蓓舒美洗面乳，短時間內在網路上爆紅，接著綠迷雅以體驗試用的概念在藥妝通路造成很大的迴響，產品力好加上價格比進口保養品平易近人，很快地建立大眾口碑，在短短幾年間成爲全台熱賣的明星商品，也讓台鹽保養品成爲現在國產保養品的市場龍頭。而台鹽保養品牌的成功，也帶動了台灣許多本土公司紛紛以生技產品進入保養品市場。

「原本國內都是進口保養品的天下，但是台鹽的快速占有市場，讓國內的保養市場結構也產生了變化，『台灣製造』反而成爲品質的保證。」他認爲台鹽的行銷模式建立在網路口碑的優勢上，而且一開始就有好成績。接著「台鹽四寶」也是一樣一推出便在網路上引起討論熱潮，不可否認，口碑行銷效果實在驚人。

而在通路上，台鹽初期的策略也和其他品牌不一樣。「台鹽先打開藥妝通路，有了知名度後，又陸續推出台鹽自己的門市，而門市越開越多，也讓通路和商品在短短幾年內發光發熱。」

另外，對於口碑傳播的效應，商品力的好壞也攸關成果。當然要有不錯的使用效果，才可能在網路或社群間傳播開來。

員工的認同便是成功行銷的開始

洪璽曜還堅信「認同品牌，必須從員工開始」，他要求門市人員和全體員工都要徹底了解自家商品，「因爲如果自己都不了解商品的訴求和特點在哪裏、成分是什麼、要如何使用、使用後的感覺是怎麼樣，如何能去做好的行銷。」洪璽曜說，公司的員工是最好的行銷人員，如果你的員工願意熱情地向他人分享、推薦，會更有說服力。

因此，只要有新產品要上市，他會先請員工們試用，並花一點點時間，大家輪流分享使用心得，透過內部員工的產品分享，往往有更多關於產品的意見或想法產生，這樣對行銷策略的擬定很有幫助。

洪璽曜也強調，新產品的行銷，從自己到每個員工親自做起，會有意想不到的成果。所以，不論是在任何一場新產品發表會上，他都會親自上陣，因爲他希望台鹽人都能從親自參與中，培養出對公司和產品的認同和信任，然後大家共同朝前方的目標大步邁進。

1 企業應該提早去思考，如何因應快速變遷的社會，去調整行銷的方式。

2 認同品牌，必須從員工開始。

3 公司的員工是最好的行銷人員，如果你的員工願意熱情地向他人分享、推薦，會更有說服力。

PART
3

Lesson 13

觀光創意行銷
七股鹽山的新契機

傳統產業正面臨許多變革，一定要更新經營模式，讓它產生不一樣的附加價值，創造新的商品組合，才能讓文化產業可以符合新的趨勢。

台鹽董事長洪璽曜(右三)與海基會董事長江丙坤(中)等貴賓於七股鹽山頂合影。

「地方文化產業如果可以結合創意，包裝出其獨特性、文化性或故事性，不僅可以促進台灣的觀光產業，也可以間接帶動地方特色產品，這便是創造文化產業再出發的新契機。」洪璽曜說，其實傳統產業現在正面臨許多變革，所以一定要更新經營模式，讓它產生不一樣的附加價值，創造新的商品組合，才能讓文化產業可以符合新的潮流趨勢。

講到台鹽，很多人馬上會想到七股鹽山，它可以算是台鹽的寶貴資產之一，位在台南縣七股鄉，是台灣面積最大、最晚發展的鹽場，總面積有二千七百多公頃，全盛時每年產鹽十幾萬噸。目前已停止曬鹽生產，並轉型成爲著名的鹽業觀光據點，由於鹽山如白雪般耀眼，像長年堆雪的長白山，被稱爲「南台灣的長白山」，爲七股鹽場末代的曬鹽，海拔高度爲二十公尺，約相當於七層樓高，堆儲之鹽則約六萬噸。

「七股鹽山」早已成爲南台灣重要的觀光行程，也是不少兩岸文化交流必訪的景點。洪璽曜說，台鹽會積極地發展鹽山觀光，也會順勢推廣台鹽相關的產品。「像海基會舉辦之『二〇〇九大陸台商春節聯誼活動』，便有七股鹽山參訪活動的安排，參與台商高達兩百多人，這些人都是台鹽發展海外市場的潛在合作夥伴。」希望來七股鹽山玩的人，都能更深入了解「一甲子製鹽專家」台鹽的轉型和以往的發展歷程，以及台鹽在生物科技的卓越成就。

爲了打造獨一無二的鹽山特色，七股鹽山的活動其實從沒停過。「鹽本來就是我們生活的一部分，七股鄉原本就有台鹽的七股鹽山與鹽博館等特有在地文化景點，結合鹽田發展出來的各種活動，可以讓在地文化觀光更具多元性，遊客也能體驗不同景致。

之前爲了讓遊客體驗鹽田文化，曾設計過抬鹽、用五分車拉鹽、挑鹽、曬鹽等具多元化傳承意義的活動；也辦過年輕人喜愛的音樂祭和世界鹽雕大賽。爲了發展鹽山精緻旅遊，也設置兼具生態與教育意義的龍骨水車和鹽田體驗等，提供遊客多元的旅遊行程與設施，豐富鹽山園區的觀光內涵，全面進行鹽山觀光轉型工程，創新鹽山的觀光經營方式。

「我們還特別推出風味獨特的『鹽山咖啡』，興建充滿南洋氣息的露天咖啡座，並在遊客中心闢建全國僅有的鹽雕藝品展示區，透過雕刻細膩的精藝工法，完美呈現鹽雕藝品的獨有特質，現場並展售鹽鑽、諾鹽罐等精緻禮品，未來也計畫開發多項大規模遊樂設施。」洪璽曜信心滿滿地表示，未來要打造七股鹽山成為台灣第一的旅遊勝地。

這就是產業結合在地資源和創意文化轉型的例子，「如果能徹底落實文化創意產業的發展精神，讓台鹽成為一個創意國度，並帶領台鹽的特色商品拓展到國際市場，附加價值無與倫比。」

「其實，政府是協助地方文化產業發展的最好推手，如興建有特色的博物館、展覽館等，這樣才能讓好的文化產業有發展空間和展示平台。」台鹽創建的鹽博物館就是一個絕佳的例子。對於想了解早年鹽工如何與海爭地，以及整地、曬鹽、收鹽的辛苦過程，走一趟台南縣七股鄉台灣鹽博物館，不但可以看到美麗的鹽田風光，還可以一窺台灣三百多年的鹽業歷史縮影，館內還陳列有世界不同種類的鹽，及資深鹽業從業人員為遊客導覽解說，是到七股鹽山不能錯過的地方。

另外，隨著台鹽轉型，對於休閒產業，秉持「尊重生命、親近自然、回顧歷史、開發創新」的精神去積極投入產業觀光，透過台鹽、地方資源的整合與地方政府的支持，將會定期舉辦有地方特色或節慶民俗相關的文化活動，成為最有特色的觀光景點。

「二〇〇九年牛轉乾坤開運活動，就是台鹽在過年期間舉辦的活動，設置牛年祈福專區，特製牛轉乾坤平安鹽袋、牛年迎春祈福卡，以及『福、祿、壽、喜、情、學、財、安』八面牛輪祈福塔，精心打造平安鹽台，讓祈福民眾牛轉乾坤好運來。」他說花盡心思，想盡各種活動，就是要活絡在地觀光產業，七股鹽山也將成為其他產業結合文化觀光產業轉型的最佳範本。

1 地方文化產業如果可以結合創意，包裝出其獨特性、文化性或故事性，不僅可以促進台灣的觀光產業，也可以間接帶動地方特色產品，這便是創造傳統文化產業再出發的新契機。

2 更新經營的模式，讓它產生不一樣的附加價值，創造新的商品組合，才能讓文化產業符合新的趨勢。

Lesson 14

領導管理哲學

管理是一種分享與學習

先以「走動式」管理來熟悉環境，並找機會和員工接觸，和他們聊天，知道他們的想法，這是建立員工信任的最佳方法。

台鹽董事長洪璽曜(中)為「健康活力GO」促銷活動健走，手持包裝水為台鹽海洋鹼性離子水。

沒有帶一兵一卒到台鹽的洪璽曜，在上任之前，心中想著：「怕風浪就不要出海，怕輸就不要上戰場。」他帶著一顆希望能把台鹽做得更好的心，便隻身走馬上任。

剛到公司，他認爲台鹽有多年公營轉民營的基礎，應該已經站穩腳步，沒想到自己親自管理之後，才發現還有待改善的空間。老舊組織過於僵化、商品競爭力不夠、作業流程沒有徹底落實、通路不夠多等，從人事到通路，由內到外都有待改善。

首先，他認爲之前國營企業體系下，官僚的習性積習已久，他雖想要大刀闊斧地改革，但又怕被人扣上「新官上任三把火」的高帽子，所以他先以「走動式」管理來熟悉環境，並找機會和員工接觸，和他們聊天，知道他們的想法，他認爲這是建立員工信任的最佳方法。洪璽曜凡事親力親爲，三天兩頭搭高鐵南下北上，深入去了解企業所有的工作流程、作業模式，也親自主持所有的業務會議，和最前線的員工面對面溝通，一起解決問題，因爲他知道唯有透過親身接觸，去了解台鹽各事業領域，才能最徹底。

初上任，剛好碰上全球金融危機，洪璽曜馬上面臨的是公司股票上市以來營運最差的一年，本業雖沒有虧損，但業外卻因爲操作金融性商品而有兩億的帳面虧損，於是他立即擬定「開源」和「節流」的雙向策略。

就開源方面，台鹽的大陸布局預計在未來三年內拓展一千個店面。這些加盟店都是由當地台商出資並尋找店面，由台鹽負責管理及人才培訓，而這些據點不僅銷售台鹽產品，也會有台灣其他好的產品。而台灣加盟店也會規畫由一百家擴充到二百家。

在節流方面，很多人認爲裁員應該是最快的方法了，不過洪璽曜堅持「不裁員、不減薪」的原則，他覺得不必把自己陷在傳統的恐慌模式中，裁員並不會是最好的選擇。

以身作則影響員工

他認爲，首要建立起員工上下一心的堅定信念，他沒在人事上動刀，不過他還是要求同仁「共體時艱」去做預算的嚴謹控制，例如要求員工刪減交際應酬及一些不必要的開銷；多利用委外派遣工作等來降低成本；把送禮及活動贊助全部改成自家的產品，一方面可以達到無處不行銷的效果，一方面達到節流目的，這些措施很快就得到員工的認同，各部門也在花費上節制，他自己也以身作則，座車改由租賃，幫公司省掉購車預算；開會叫便當，減少公司到外聚餐的消費，差旅費也更有效率的運用。

「我認爲『以身作則』最重要，如果連老闆自己都叫五、六十元的便當，員工絕對不會亂花預算去外面應酬吃飯。老闆的一舉一動、言行舉止、生活習慣都會傳遞一些訊息給員工，這比花時間去告誡員工還更有用。」洪璽曜認爲企業領導者一定要謹言愼行，因爲上位者的行爲將會「投射」在員工身上，員工會睜大眼睛來檢驗自己的上屬。

接著，是人事上的調整，由於之前有些職缺是關說而入，並非人人適任，他花了一點時間去進行審核，如果完全不適任或個人對職務不盡責，他還是會調整職務。洪璽曜說他曾遇到一位之前留下來的員工，工作態度不佳，更可惡的是，還說謊請假出國去玩，完全沒有責任感，最後以自動辭職收場。

他說動盪的時代，有時需要有「治亂」的管理方法，不管人家說他「殺雞儆猴」也好，撥亂反正也罷，就是要讓員工清楚知道制度的底限在哪裏，一點都不能打馬虎眼。

「我個人最在乎的是『誠實』和『清廉』這兩件事，如果連小地方都不老實，可想而之，大地方也不可能老實。」不過這樣的人畢竟是少數，當員工知道老闆都有用心在觀察，沒辦法留下來的人也會自己請辭走人。

洪璽曜認爲，「要善待員工，但絕不能放任員工。因爲放任的後果就是組織鬆散和生產力下降，後果不堪設想。」不過對員工也一定充分信任，因爲一切的績效都是建立在團隊成員彼此的信任上，他覺得這些都是公司的基本核心價值。

另外，在激發團隊的效能和活力上，洪璽曜也有小撇步，他說，賞罰分明不失爲良策。

賞罰分明，員工再教育

對於好的、認眞的員工要「論功行賞」，獎金和升遷就是最好的鼓勵，這些絕對不能吝於給予。有了獎勵和分享利潤的做法，才能讓員工有歸屬感，覺得自己也是公司的一份子，會更努力工作。但是對於績效不好的團隊也要給予相對的處罰，讓他們學會對公司負責任。

他舉例，現任總經理在他上任前，代理總經理職務已有多年，他上任後細心觀察，發現總經理充滿工作熱忱、崇法守紀、外語能力強，並有研發及生產方面的專業，對於台鹽全面性的業務內容十分了解，深獲同仁的肯定與信賴。他便毅然決定爲代總經理進行眞除，讓有能者可以盡情發揮所長，他認爲這是一種對優秀人才的最好獎勵，並在台鹽的組織內部形成一種「有爲者，亦若是」的企業文化。

另外，有個對外媒體聯繫的窗口單位，負責的員工非常主動、熱忱，他經常從媒體那邊得到對她的讚賞和肯定，在仔細觀察過她的工作態度之後，洪璽曜決定讓她升職，這是一種對員工最好的獎勵，要讓員工對公司有信心。

不過，其實有時用人還是難免會看錯，如果眞的覺得不適任，可以選擇幫他調整更適合的位置，或是眞誠的跟員工說：「對不起，你眞的不合適這份工作。」雖然是痛苦的決定，但是明快做決定比拖著不處理要好。

由於台鹽是一個老公司，對於一些老員工，更要有耐心和同理心，要讓他們覺得工作得有尊嚴、有被重視，就如同球隊教練一樣，上場前要不斷地給予精神喊話、不斷激勵他們，要讓他們覺得一切的努力和付出的歲月都是値得的。

但是，老企業更要新血來活化組織，要不然整個組織老化、僵化，對企業的經營都不是好事。

因爲長久保守的企業文化，造就了台鹽員工老實、拘謹又守舊的個性，對於業務與行銷策略就需要花更多心血去溝通和再教育，所以洪璽曜也設立了創意獎勵策略，鼓勵員工提出他們的創意，幫助商品的研發和行銷。

面對險困的環境，有的人選擇逃避，只會抱怨留下的資源太差、員工素質不好；但是洪璽曜卻樂觀以對，因爲有困境，才表示又多了一個可以磨練的機會，越不好的環境，才可以學習到更多突破的經驗，他覺得，要從谷底往上爬才有樂趣，如果是太平盛世就不需要強的領導者，波濤洶湧，才有機會發揮專才。

「懂得自愛的人，總是能嚴格自我要求，也唯有自律才能打造一個有紀律的團隊，有了紀律才會有更好的生產力。」他也常以這樣的話來和員工共勉之。

1 要善待員工，但絕不能放任員工。因爲放任的後果就是組織鬆散和生產力下降。

2 對於員工，要有耐心，如同球隊教練一樣，上場前要不斷地給予精神喊話、不斷激勵他們。

3 老闆的一舉一動、言行舉止、生活習慣都會傳遞一些訊息給員工，這比花時間去告誡員工還更有用。

4 老企業更要新血來活化組織，要不然整個組織老化、僵化，對企業的經營都不是好事。

5 懂得自愛的人，總是能嚴格自我要求，也唯有自律才能打造一個有紀律的團隊，有了紀律才會有更好的生產力。

Lesson 15

藍海策略
贏在創新和創意

其實，藍海策略是要我們以「價值創新」為主軸，先試圖打破舊有框架，然後思考任何創新的可能，並且落實去執行。

2009年1月23日台鹽綠迷雅保養品榮獲國家生技醫療品質獎，馬總統召見洪董事長合影。

競爭力是企業成長的動力，提升競爭力是企業生存之道。但是，要如何避免陷入企業間的惡性競爭，成爲決勝關鍵，二〇〇五年金偉燦（W. Chan Kim）芮妮．莫伯尼（Reneé Mauborgne）合著了一本《藍海策略》（*Blue Ocean Strategy*），對這個主題有很好的見解。

「其實，藍海策略是要我們以『價値創新』爲主軸，先試圖打破舊有框架，然後思考任何創新的可能，並且落實去執行。」洪璽曜說，藍海策略就是要跨越原有的產業邊界，打破既有結構，去尋找尚未被滿足的新興市場，然後去創造一個新的產業價値，台鹽算是贏在藍海策略的徹底落實。

「例如，台鹽是做『鹽』起家，因此，台鹽在面臨轉型時就要思考，除了鹽以外還可以做什麼。眾所周知，鹽的來源是『海洋』，所以透過研發去思考所有跟『海洋』相關的產物，並落實去改變，那就是一種創新。如果台鹽能在海洋概念領域全力發展，成爲海洋概念領域方面的佼佼者，這樣就能走出企業競爭廝殺的紅海，創造出屬於台鹽的品牌價値。在生技方面領域也是一樣，台鹽早在很多年前就已開先鋒，打開台灣生技研發之路，正因爲勇於創新，讓台鹽生技儼然成爲台灣生技的領先指標，這一樣是贏在創新。」

洪璽曜說，跨出產業界限，開創新市場，台鹽不把自己侷限只是鹽品製造者。跨入生物科技領域，和美國生物科技公司合作，設立膠原蛋白生技廠，推出膠原蛋白及其他美容美白保養系列，以及一系列與海洋相關的保健產品。

「當初台鹽投資甚鉅，從美國知名的生技公司技術移轉膠原蛋白產製技術，原本規畫是要用來生產膠原蛋白的醫療產品，朝專業醫療生技方向去發展，實際上也開發、生產了幾種產品，不過產品開發後並沒有帶來很好的業績，幾經研發，才決定要朝美容和健康市場去另闢戰場，才能有今日保養品和保健品都有好成績的台鹽。」

卓越的品質是最佳保證

不過，並不是創新就一定會贏，同樣是做生技，國內那麼多廠商在做；一樣賣水或賣鹽，要如何才能在各家品牌中脫穎而出？他說，「商品力」和「品質」很重要，品質領先群倫，才能佔有一席之地，才能在企業競爭中獲勝。

台鹽鹽品奪下二〇〇九讀者文摘「信譽品牌」金獎，台鹽其實這幾年來得獎無數，早已得到廣大消費者的肯定與支持；二〇〇九年海洋鹼性離子水及納豆產品分別榮獲康健雜誌「健康品牌讀者票選大調查」飲用水類及納豆類第一名；二〇〇八年綠迷雅晶鑽靚白精華露榮獲「二〇〇八國家生技醫療品質獎」；納豆紅麴素食膠囊榮獲「國家品質標章」；「海洋鹼性離子水」、「CoQ10」及「高單位納豆素」等也都榮獲康健雜誌「健康品牌讀者票選」第一名，其中納豆產品已連續三年榮獲該獎項第一名。

「應該很少有企業像台鹽這樣年年都得獎。」洪璽曜說，這代表台鹽商品品質的卓越。台鹽以追求卓越爲企業精神，致力提升企業價值，未來我們希望能深耕鹽品核心本業，來保持競爭優勢外，更要再接再厲去經營台鹽已經發展有成的生技事業，和美容保養及保健事業版圖。

對於通路，洪璽曜也有其獨特的藍海策略：他對兩岸抱持樂觀的看法，大陸觀光客來台人數大幅成長，物超所值的台鹽產品，一定能獲得更多青睞。此外，他也積極要把台鹽產品推展到大陸市場。

「通路」是企業與產品銷售是否成功的關鍵，台鹽有不少直營店和加盟店，未來也會繼續有計畫的增設，讓台鹽產品增加更多的銷售通路，以達到好的成績。洪璽曜表示，在大陸方面通路的建立，會衡量其效益、成本、營業額，各方面審慎的評估，才能做爲全盤通路拓展的依據，因爲要到大陸發展，需要特別思考經營模式是不是方便複製及控管，因爲看過不少到大陸擴增失敗的案例，所以會格外謹慎評估。

飛躍藍海的契機

他表示，目前會先透過當地台商既有通路，搭配大陸網購，初期會先試路，由台商們提供場地，而台鹽這邊出人力和技術，經過組織訓練，用最貨眞價實的台鹽產品，在大陸經營。洪璽曜堅持台鹽產品一定要從台灣出貨，並規畫邀請夫妻檔一起創業，由台鹽直接培訓，配合台商在當地的人脈及商情網絡，進軍中國找商機。

台鹽的鹼性離子水、生技健康產品，化妝品等這些ＭＩＴ的商品，未來中國民眾都將有機會買得到，有台灣製造的品牌保證，也希望培訓台灣夫妻檔，在不景氣當中，一起創業，前進中國市場找商機。

「抱著創新的精神，努力地把台鹽推向國際舞台，台灣企業也可以國際化，目前包括美容保養品、保健食品、清潔用品、鹽品與包裝水都會有登陸及邁向國際的計畫。」洪璽曜表示，企業的生命力在於銷售，他的重點規畫就是全力推展業務，只要勇於創新各種行銷的可能，一定能開創台鹽更好的未來。

「只要用心創新，就能航向藍海順境。」洪璽曜說，台鹽是國內本土企業轉型最成功的例子，面對全球化競爭，除了強化本身競爭力之外，也以創新思維力求改變，並創造產品新價值，自然可以開創出自己的一片天。

1 藍海策略是要以「價值創新」爲主軸，打破舊有框架，思考任何創新的可能，並且落實去執行。

2 「商品力」和「品質」很重要，品質領先群倫，才能占有一席之地，才能在企業競爭中獲勝。

3 強化本身競爭力，以創新思維力求改變，創造產品新價值，便能開創出自己的一片天。

Lesson 16

信任和責任

我希望員工是帶著笑容和活力來上班

對於表現好的員工，要給他們更大的「責任」和「信任」，員工都需要公司的回報，所以要經常對員工打氣。

台鹽董事長洪璽曜(中)與模範勞工合影。

「董事長，上次跟你提的那個人事安插應該沒問題吧。」

「林桑，這個沒辦法啦，我進來就是要改革，以前台鹽那些安排人事的風氣一定要改，只要我在台鹽一天，就再也不會有人走後門安插人事這種事情發生，歹勢，眞的沒法幫上你的忙。」洪璽曜用婉轉的語氣拒絕朋友，這已經是上任以來不知第幾通請託的電話。

「我知道，過去曾有這樣做，但是我有我的想法和做法，我想改掉老舊企業內不好的習慣，因爲我要對公司負責，對股東負責，只要任何會危害公司或有利益輸送的事都要迴避。」這是洪璽曜上任以來堅定要改變的事，他要扭轉外界對台鹽的一些曲解。

除此，洪璽曜說，他還需要改變許多沿用已久的管理方法。因爲台鹽是由公營轉民營，官僚式組織常會隱藏著許多習以爲常的不合理行爲。

所以需要針對這些違反企業經營原則的事去進行檢討和改進，再加上資歷二、三十年以上的老員工比比皆是，有些人都是抱著「這樣做就已經很好啦，幹嘛要改變。」「多做多錯、少做少錯、不做不錯」

的「養老等退休」心態在工作，要如何找回員工的動力和向心力，讓他絞盡腦汁，因台鹽的管理風格本來就屬於傳統老式，要花時間去調整和改變。

在他看來，即使已改成民營多年，可是公司內部還是存在不少官僚氣息和作風，公司組織亦不夠精確。

他先試著簡化一些不必要的繁瑣業務流程，如果做什麼都要上公文，公文一關關跑下來，什麼事都不用做啦。他做了一些改變來讓作業更透明簡化，一切都是希望業務作業上能增添活力，可以靈活運作。

鼓舞提振士氣

洪璽曜對於「鼓舞員工士氣」這件事也不馬虎，因爲這些老員工都把大半輩子貢獻給台鹽，所以也都是台鹽的最佳資產，他認爲對於表現好的員工，要給他們更大的「責任」和「信任」，員工都需要公司的回報，所以要經常對員工打氣。

他會在大會上表揚模範員工，也會在私底下給員工額外的鼓勵和獎勵。他說：「要知道，每個員工都希望上面能注意到他的表現和貢獻，得到尊重，有了自信之後，工作的士氣必然提振。不過對於混水摸魚的員工也要有所提醒和警告。」

本身就是一位傑出的企管專家，在管理方面，洪璽曜說自己要做的是一個強而有力的企業領導者，而不是獨裁者或操控者。

他深知要當個好的企業領導者，要具備下面幾個要件：第一帶人要帶心，最重要的是眞誠，主管的用心，員工會看得一清二楚；其次，要給員工歸屬感和方向，其實，有時不是員工做的不好，而是因爲你沒有給他正確的方向和目標，所以，一定要讓員工清楚的知道，他工作的內容、目標與前景發展，只要能用心讓他們明確了解，員工的表現便會越來越好。

「我希望我的員工每天都是帶著笑容和活力來上班，士氣高昂的團隊，才能讓公司更有成長的能量。」洪璽曜在管理上全力以赴，他要求員工加強自我價値的提升，也承諾要創造更好的環境和工作氛圍給員工。

信任與尊重

要成爲一個好的企業領導者，洪璽曜有其獨到見解：不要當一個只會發佈命令的人，反而應該期許自己當一個大方向的掌舵手；不要只懂得守成，而寧願當一個改革者；不要過分依賴舊有制度，創新才能帶來更多機會。管理者一定要有好的溝通技巧並勇於爲員工爭取福利，對屬下要百分之百的信任，要當一個好的傾聽者而不是一個滔滔不絕講話的人。

「好的領導人要以激勵員工來代替管理員工，要讓員工有願景，有努力工作的動機，一個懂得和員工溝通的上司，要具備更多能力，包括聆聽、學習和能具體鼓勵人心。」他認爲用管控的方法已過時，現在的員工要的是信任和尊重。

洪璽曜最後以拿破崙說過的話來佐證：「沒有一場勝利的仗，是沒經過通盤計畫和安排演練的。」在企業的管理或經營上都一樣，有好的規畫才能有好的成績。

1 員工都希望上面能注意到他的表現和貢獻，得到尊重，有了自信之後，工作的士氣必然提振。

2 一定要讓員工清楚知道他的工作內容、目標與前景發展，讓他了解的越明確，他們的表現也會越來越好。

3 不要當一個只是發佈命令的人，要當大方向的掌舵手；不要只懂得守成，而寧願當改革者；不要依賴舊有制度，創新才能帶來機會。

4 沒有一場勝利的仗，是沒經過通盤計畫和安排演練的。

5 好的管理者一定要有好的溝通技巧，並勇於爲員工爭取福利。

6對屬下要百分之百的信任；要當一個好的傾聽者而不是一個滔滔不絕講話的人。

7以激勵員工來代替管理員工，要讓員工有願景，有努力工作的動機。

Lesson 17

管理創新
期許和員工一起成長最重要

找出方向是領導人很重要的一件事，在管理的行動力下，還要能掌握員工的心。

台鹽董事長洪璽曜注重員工培訓教育，期許與同仁一起成長。

講到管理企業，本身就是企管專家的洪璽曜有很多心得，閱人無數的他，通常只要觀察員工在應對時的眼神與神態，就大致能知道該員工的工作態度如何。「眼神會透露一個人內心的祕密。」講話時眼神閃爍不定或飄移的人，一般而言，表示其心思不夠端正，工作態度也不會太好。

孟子曰：「存乎人者，莫良於眸子。眸子不能掩其惡。胸中正，則眸子瞭焉；胸中不正，則眸子眊焉。聽其言也，觀其眸子，人焉廋哉？」所以，端從眼神就能知其一二。對於這個方法，洪璽曜說或許是因爲他看過太多、也管理過太多人，特別是之前在大陸的商務經驗，在爾虞我詐的環境中，更學會從端倪中去觀察人心。

除了注意員工應對時的神態，他也會注意一些大家往往忽略，微乎其微的小細節，觀察生活細節是他了解員工的另一個方法，去看看他們的桌面、和他們多多聊天、看他們的報告、知道他們喜歡看什麼樣的書、看員工們彼此之間的互動、看他們吃飯的樣子、走路的樣子等等，都可以觀察出每個人不同的特點。

「三力」管理的重要

「我覺得『找出方向』也是領導人很重要的一件事，當然在管理的行動力下，還要能掌握員工的心，至於很多管理者或經理人會遇到的問題：例如，爲什麼員工不做好自己份內的事？要如何才能提高員工的績效？爲什麼員工會一再犯同樣的錯誤？爲什麼員工不能站在公司的立場爲公司想一想？」對於這些問題，洪璽曜有自己的一套見解，他認爲再多都沒用，一切要以培養員工的忠誠度爲優先，此外，還要能和員工溝通，並給他們工作的願景和目標。

「培育員工忠誠度的祕訣有很多，例如有效的『授權』和『分工』就不失爲好方法，肯授權代表你相信員工，也能培養出員工負責任和下決定的能力。如果人人都盡其責、盡本事，追求效率目標，自然績效就能不斷提升。」

洪璽曜極重視三力管理：決策力、管理力和執行力。經營者有好的決策力，經理人要有好的管理能力，基層人員則要有貫徹執行力，這三種能力是企業領導人要特別重視的，領導者同時也要能規畫出公司的各階段目標，並且在時間、人力、財力上做最靈活的運用。

在台鹽的業務推動上，他也十分看重落實各部門的責任分工，舉例說明，像企畫部與公關部，如同公司的中樞神經一樣，可以影響全公司的運作，有好的活動案子、商品企畫案和創新行銷的點子，都要靠這些部門的員工相互協調，才能達到預期的效果，所以相信專業，好好分工，自然能事半功倍，相反地，如果所有的事都落在一個人或少數幾個人身上，則可能會事倍功半。

經常和員工交流，也是他管理人的方法。「要彎下腰、放低身段，去聽聽員工要說些什麼，如果有建言，才表示公司有不足或需要改善的地方；有抱怨聲，表示公司可能有某些地方做的不好，一定還有改進的空間。」

還有，一定要懂得栽培員工，公司要有具體的培訓計畫，讓員工再去上課或進修，加強所需的技能或知識，教育訓練的經費絕對不能省。「讓你的員工去上課，上任何課都可以，只要是對公司或對員工個人有幫助的話。」

「如果想當一個卓越的經理人或管理者，就要能打造出優質的工作團隊，這樣才有辦法攀登績效巔峰；懂得溝通問題，而不是只會苛求。要懂得激勵員工，和他們一起成長，就能建立具有敬業精神的忠誠員工團隊。」洪璽曜了解企業在創新管理上該做的事，他說要有好的領導策略才能有好的團隊。

除了管理創新外，整體服務的創新，也是洪璽曜定下的目標，他說這是一個服務至上的新消費年代，每一件事都要學會創新。

1當一個卓越的經理人或管理者，就要能打造優質的團隊，這樣才有辦法攀登績效巔峰。

2懂得激勵員工，和他們一起成長，就能建立具有敬業精神的忠誠員工團隊。

3培育員工忠誠度的祕訣有很多，例如「授權」和「分工」就不失爲好方法。

4最上層的經營者是要有好的決策力，經理級要有好的管理力，基層人員則要有好的執行力，相互結合才能創造最好的團隊效率。

Lesson 18

公益形象
回饋與感恩的前進動力

公益活動的訴求，應該是要讓人或公益活動的受惠者感動，這樣才有意義。

台鹽董事長洪璽曜（中）捐贈1百箱台鹽包裝水幫助崇學國小棒球隊喝好水、打好球，由校長呂岳霖（右二）代表受贈。

「有不少的企業都會積極參與公益行活動，不過，我認爲公益和行銷還是要分清楚，不要過於商業化，如果參與公益活動只是爲了打品牌、賣商品，那反而會給人不好的觀感，違背參與社會公益的本衷。」洪璽曜看過並參與過不少企業贊助的公益活動，也見識過不少置入性行銷的手法，不過，他卻認爲企業在做社會回饋或參與公益活動時，一定要拿捏得宜，太過商業氣息，做秀做過頭，反而會讓人覺得矯情。

他覺得公益活動的訴求，應該是要讓人或公益活動的受惠者發自內心的被感動，這樣才有意義。「想想看，企業本來就取之於社會，當然也應該要用之於社會，回饋分享給社會，如果消費大眾能經由企業不斷的贊助或參與公益活動的過程中，去更認識你的企業品牌，認同你的企業理念，在激烈的競爭市場中，你當然就能得到認同和信任。」

洪璽曜對台鹽在參與公益活動這一方面的成績，相當引以爲傲，因爲台鹽一直以來，都是以回饋台灣社會爲企業的責任，對於關懷弱勢團體的投入更是不在話下，一路走來，公益早已成了台鹽傳統與企業文化的一部分。

「不管是地方或全國性的賑災勸募、捐贈物資給學校或關懷弱勢團體等，台鹽總是出錢出力不落人後，也先後得到政府單位和不少社福團體的表彰，台鹽的員工也都很願意去參與各種公益活動，這可能也跟台鹽的草根文化一樣吧，台鹽人都很熱心做公益，也很願意爲地區付出。」他很喜歡台鹽人的草根性，也替他們感到驕傲。

「我最樂見的是，企業們能爭先恐後地運用企業資源去推動公益，回饋社會。」洪璽曜認爲，如果台灣的企業都往這個方向去走，就能帶給整個國家社會更大的利益，也會爲社會帶來向上提升的力量。

洪璽曜說這一兩年來台鹽便投入了非常多的公益活動，例如，在總統府元旦嘉年華會舉辦祈福活動，將活動善款全數捐贈創世社會福利基金會；大力贊助台南市愛樂視障合唱團、台灣癌症基金會、彰化縣聾人協會、台灣關懷社會公益服務協會、家扶中心關懷營、原住民醫療活動、受刑人關懷活動等，並參與反毒活動，亦會提供台鹽產品作爲伊甸社會福利基金會及其他一些公益團體之義賣品。

很多公益社團要辦活動都會先想到台鹽，因爲台鹽在公益活動的推廣和協助，總是一馬當先、不落人後，絕對是最佳典範。洪璽曜說，本著回饋社會和地方的精神，台鹽總是在一旁默默耕耘，長期不斷地捐助社會弱勢團體，並提撥基金捐贈給文教基金會和一些社福公益團體。

「由於一直固守著是在地企業，要用眞心去回饋與分享，我們並不想放入太多置入性行銷，這一方面，我認爲越單純越好，商品歸商品，公益歸公益，重要的是，我們有沒有眞的去幫助到人。」洪璽曜說最好是讓消費者一想到公益活動，就聯想到台鹽這個企業品牌，這樣就能爲台鹽的公益形象加到分。

「之前腸病毒疫情全台蔓延，台鹽本著回饋社會的精神，二話不說，工廠全力趕工生產清潔與保健用品。捐贈了數萬個鹽皂、乳酸錠等產品給學校和弱勢家庭，投入腸病毒預防工作。」洪璽曜表示，捐贈社區學校清潔用品，除了善盡企業社會責任，也是希望能達到拋磚引玉的效果，讓更多企業團體一同加入關懷社會的行列。

「台鹽參與的公益行銷總是能辦得讓人印象深刻，因爲我們認爲公益行銷不僅僅只是公關活動，最重要的是台鹽的經營理念和核心價值的展現。」這是洪璽曜期許未來台鹽在公益活動參與努力的目標，他希望能藉由台鹽的公益參與，帶動更多企業一同關懷社會上需要被關懷的人、事、物，並提供眞正實質上的協助，也讓台鹽的公益形象更深植人心。

1 公益活動的訴求，應該是要讓人或公益活動的受惠者感動，這樣才有意義。

2 運用企業資源去推動公益，回饋社會，能帶給整個國家社會更大的利益，也會爲社會帶來向上提升的力量。

3 讓消費者一想到公益活動，就聯想到企業品牌，這樣就能爲企業的公益形象加分。

4 公益行銷不僅僅只是公關活動，最重要的是經營理念和核心價值的展現。

後記

讓員工、股東、顧客三贏——台鹽的創新之路

台鹽董事長　洪璽曜

走過近一甲子的歷史，台鹽一直是深受國人信賴的老牌企業，過去的國營時期，台鹽肩負著政策使命，長期穩定供應全國軍民及工業用鹽，並在政府政策保護下成長茁壯，成為國家經濟發展的重要基石。民國九十二年轉為民營後，內外環境變動及挑戰與日俱增，為順應時代潮流，台鹽也不斷調整經營模式、力求革新，以確保企業永續經營。

放眼全球

台鹽以追求卓越爲企業精神，戮力提升企業價值，除持續深耕鹽品核心本業，以保持競爭優勢外，並多角經營極具潛力的生技事業，積極拓展美容保養事業版圖與保健市場。未來將擘畫創新多元的經營策略，運用專業行銷能力，開發高附加價值的新產品，做爲未來成長的新動能。

同時重視企業社會倫理，加強照顧在地社會，以提升品牌形象；另強化「創新管理」，提升品牌價值，以躍升國際舞台，並將企業願景定位爲「兩岸三地健康、美麗產業的領航家」，逐步領先亞洲市場，放眼全球！

展望未來

創新、領先、超越，是台鹽挑戰未來的展現！台鹽必須不斷超越自我與時代，才能穩健邁向百年企業。因爲，改變是進步的開始，唯有競爭才有進步、有協調才有繁榮、有行動才有成果。

未來台鹽團隊將強化企業組織管理，推動整體經營規畫，同時制定創意行銷策略，發展電子商務，以拓展網際網路商機，並推動跨業交流與異業結盟，以「積極、主動、創新」的態度，持續締造業績高峰，將事業版圖拓展至海內外，使台鹽產品躍升國際舞台，以創造員工、股東、顧客三贏的新局面！

國家圖書館出版品預行編目資料

飛躍藍海—台鹽創意行銷與贏的策略 ／吳建宏著.－－
初版.－－ 臺北市：樂果文化事業有限公司,民98.08

面　；　公分.－－（樂經營；001；）

ISBN 978-986-85508-0-3(平裝)

1.台鹽實業公司　2.企業管理　3.行銷

481.9　　98013298

樂經營 001

飛躍藍海

台鹽創意行銷與贏的策略

作　　者／吳建宏
行銷企劃／蔡澤玉
封面設計／陳文德
內頁設計／陳健美
總 編 輯／曾敏英

出　　版／樂果文化事業有限公司
社　　址／台北市 105 民權東路三段 144 號 223室
讀者服務專線：（02）2545-3977
傳眞：（02）2545-7773
直接郵撥帳號／50118837 號　樂果文化事業有限公司
印　　刷／卡樂彩色製版印刷有限公司
總 經 銷／紅螞蟻圖書有限公司
地　　址　台北市內湖區舊宗二路 121巷28．32 號 4樓
電話：（02）27953656
傳眞：（02）27954100

2009 年 8 月第一版　**定價／280 元**　ISBN 978-986-85508-0-3

樂果
文化

樂果
文化